AF451668

MÉMOIRE

SUR

L'EMPLOI DU SARRASIN.

ORLÉANS. — IMPRIMERIE DE DANICOURT-HUET.

MÉMOIRE

SUR L'EMPLOI

DU SARRASIN

INDIQUANT

LA MANIÈRE D'OBTENIR DE CETTE CÉRÉALE DES PRODUITS UTILES ET
SANITAIRES, C'EST-A-DIRE DE LA SEMOULE, DU GRUAU ET
DE LA FARINE PROPRE A LA PANIFICATION;

AINSI QUE LES AVANTAGES QUI RÉSULTENT DE CETTE GRAINE POUR
LES CULTIVATEURS;

Accompagné de quatre planches expliquant le mécanisme du moulin servant à la
fabrication de ces produits.

Par Félix Didier Skuniewski,

PARIS,

CHEZ MAD. VEUVE HUZARD, LIBRAIRE, RUE DE L'EPERON, 7;
ET AU BUREAU DE LA POLOGNE PITTORESQUE,
RUE St-ANDRÉ-DES-ARCS, 54.

BLOIS,
CHEZ L'AUTEUR, RUE DES VIOLETTES, 23.

1840.

Les formalités ayant été remplies, les contrefacteurs seraient poursuivis conformément aux lois.

Depuis que ce mémoire a été imprimé j'ai reçu la lettre suivante de M. le Ministre du Commerce et de l'Agriculture :

« Paris, le 7 octobre 1839.

« MONSIEUR,

« Le jury de l'Exposition de 1839 vous a accordé, pour les produits que vous avez exposés, une MENTION HONORABLE.

« Je suis heureux d'avoir à vous donner connaissance de la distinction dont vous avez été digne.

« Agréez, Monsieur, l'assurance de ma parfaite considération.

« LE MINISTRE DE L'AGRICULTURE ET DU COMMERCE,

« Pour le Ministre,

« *Le Conseiller-d'Etat, Directeur,*

« *Signé* VIVIEN. »

(A M. FÉLIX SANIEWSKI, à Romorantin.)

A raison de cette lettre, je dois rétracter l'assertion qui se trouve page 26 du présent mémoire.

A Monsieur le Ministre du commerce
et de l'agriculture.

Monsieur le Ministre,

Vous avez daigné m'encourager à per-
sévérer dans mes essais et expériences
pour perfectionner les produits utiles et
sains qu'on peut retirer du sarrasin.

C'est à vous, M. le Ministre, que
j'ose dédier ce faible travail, convaincu
que votre sollicitude pour le bien-être
de la France, ainsi que pour l'amélioration
des classes pauvres de ce royaume, vous

portera à concourir avec moi à sa pro-
pagation et faire en sorte qu'il devienne
utile aux enfans de ma patrie adoptive.

J'ai l'honneur d'être, Monsieur le Ministre, votre très-humble et très-
obéissant serviteur,

SANIEWSKI (Félix).

MÉMOIRE

sur l'emploi du Sarrasin.

Le Sarrasin (*Blé noir. — Carabin. — Bouquet.*) se récolte dans différentes parties de la France.

Il a été introduit dans ce pays par les Sarrasins au temps de leur invasion dans les provinces du midi, au huitième siècle ; mais un séjour trop peu prolongé dans ce royaume ne permit pas qu'on reconnût de suite les avantages qu'on pouvait retirer de ce grain, qui toutefois se répandit partout et surtout dans le nord-ouest. Il est presque devenu la principale nourriture des habitans de ces contrées. Les indigènes l'employèrent d'abord à la nourriture des porcs et de la volaille, mais la famine les força bientôt à en faire usage pour eux-mêmes, tantôt en le mélangeant avec d'autres graines pour en faire du pain, tantôt sans mélange, en en faisant des galettes, comme cela se pratique de nos jours en Bretagne.

Les Sarrasins l'employèrent encore d'une autre manière, et, dans les spirituels contes des *Mille et une Nuits*, nous voyons que dans les banquets splendides, entre les mets les plus recherchés, on servait sur la table d'Haroun-al-Raschid, calife de Bagdad, des ragoûts de mouton au gruau de blé mondé, c'est-à-dire de sarrasin.

A l'appui de cette romantique tradition, je dirai à mes lecteurs que le sarrasin s'appelle *Tatarka* en polonais, parce que ce sont les Tartares qui l'ont importé dans ce pays. Depuis un temps immémorial, la fabrication du gruau de sarrasin ou blé mondé y est aussi connue, car les Tartares, en dotant cette contrée du grain, ont enseigné aux habitans la manière de l'employer.

Connu comme il l'est, je n'entreprendrai point ici la description de ce grain; nombre de naturalistes ont d'ailleurs traité ce sujet. Je ferai seulement observer qu'il y a deux espèces de sarrasin : le commun est celui appelé sarrasin de Sibérie. La différence entre elles

est grande, la première étant plus farineuse.
Mélangée avec l'écorce, elle est plus douce et
s'échauffe plus tôt, tandis que la substance résineuse est plus abondante dans l'autre, et
avec son écorce le goût en est plus amer, mais
ne s'échauffe pas sitôt et peut se conserver
plus long-temps; aussi cette dernière espèce
est-elle préférable, attendu qu'elle peut se ré-
colter deux fois par an, qu'elle ne craint ni la
gelée ni les vents chauds et qu'elle produit
50, 100 et quelquefois 500 pour un, tandis
que l'autre ne produit guère que 20 ou 30 pour
un. Quant à moi, j'emploie les deux indiffé-
remment; ils sont bons pour mes gruaux et
mes semoules, et par mes procédés la farine,
même celle du sarrasin de Sibérie, perd toute
son amertume.

Avant de parler des résultats avantageux
qu'on peut retirer du sarrasin, qu'on me per-
mette d'exposer pour quelles raisons et dans
quel but j'ai entrepris mes travaux, et comment je les ai poursuivis jusqu'à ce jour.

Arrivés en France en 1831, les Polonais ne
purent s'y procurer leur mets favori, le gruau
de sarrasin; ils en demandèrent à Paris, et
trouvèrent des négocians assez complaisans
pour en faire venir de l'étranger, mais à un
prix (80 c. la livre) trop élevé pour nous per-

mettre d'en faire journellement usage ; aussi fûmes-nous obligés de lui préférer le riz, pensant qu'on ne cultivait pas le sarrasin en France.

Ce fut au marché d'Orléans, en 1835, que j'aperçus pour la première fois du sarrasin. Je pris des renseignemens, et j'appris qu'on le donnait aux porcs, aux chevaux et à la volaille. J'expliquai qu'on pouvait en tirer un meilleur parti; on me répondit que dans quelques parties de la France on en fabriquait du pain, mais de mauvaise qualité et amer ; la misère seule forçait les malheureux à en faire usage.

En visitant la bibliothèque de cette même ville, il me tomba entre les mains un programme de la Société royale d'encouragement pour l'industrie nationale, du 3 décembre 1828 ; en le feuilletant, j'y vis qu'elle promettait un prix de 600 francs à l'inventeur d'un petit moulin à bras propre à réduire le sarrasin en gruau qu'on pouvait employer immédiatement à la nourriture de l'homme.

La sollicitude de la Société pour utiliser le sarrasin m'a mis à même de savoir qu'on en récoltait en France considérablement. Sûr qu'aucun concurrent ne s'était présenté pour le prix, et que par conséquent on pouvait y aspirer encore, je me proposai de satisfaire au vœu de la Société et d'être utile à ma patrie adoptive.

N'ayant d'ailleurs aucune connaissance d'une machine inventée par un meunier, j'ai construit un moulin à bras, à l'aide duquel j'ai, après de nombreux essais, obtenu de gros gruau d'une bonne qualité ; mais la pierre employée à le moudre étant d'un grain tendre, des parcelles s'en détachaient, et s'y mélangeaient, de sorte qu'il craquait sous la dent en le mangeant. Je n'y fis pas attention d'abord, et le livrai en cet état au commerce d'Orléans, ce qu'atteste le certificat ci-joint :

« Mairie d'Orléans.

« Orléans, le 18 février 1836.

« Le maire de la ville d'Orléans certifie que « *le gruau de sarrasin* n'était pas connu dans « le commerce à Orléans, et que M. *Saniewski* « (Félix), réfugié polonais, en résidence en « cette ville, est le premier qui l'y ait intro- « duit, après l'avoir obtenu par un procédé de « son invention.

« En l'hôtel de la mairie, les jour, mois « et an que dessus.

Signé HEME.

(Cachet de la mairie.)

« Vu pour la légalisation de la signature de
« M. Heme, maire d'Orléans.

« Orléans, le 19 février 1836.

« Le conseiller de préfecture délégué,

« *Signé* MARCHAND. »

(Cachet de la préfecture.)

Désireux de continuer mes essais et d'y réussir, je travaillai d'après mon procédé sur une plus grande échelle.

M. Blanchard, meunier dans la commune de St-Jean-de-la-Ruelle (Loiret), ayant mis son moulin à ma disposition, je continuai mes expériences.

Avec 5 hectolitres de sarrasin, j'obtins 270 kilogrammes de gros gruau et 100 kilogrammes de farine. Les meules du moulin étant de pierre tendre, le gruau craquait encore sous les dents, la farine ne pouvait servir qu'à l'engrais des porcs. Le certificat ci-après atteste cette expérience :

« Je soussigné, Pierre-Paul *Blanchard*, maî-
« tre meunier, demeurant dans la commune de
« St-Jean-de-la-Ruelle, arrondissement d'Or-
« léans, département du Loiret, certifie par le
« présent que M. *Saniewski* (Félix), réfugié po-
« lonais, en résidence à Orléans, rue St-Côme,
« n° 15', s'est présenté chez moi, et que sur ses

« instances et les renseignemens qui me fu-
« rent donnés par lui, c'est dans mon moulin
« que fut fabriqué le gruau de sarrasin, de la
« quantité de quarante mesures de blé noir ;
« qu'auparavant la manière de la fabrication
« n'était pas connue dans nos contrées, et c'est
« M. *Saniewski* le premier qui m'a engagé de
« lui fournir mon moulin pour essayer de son
« procédé. C'est en foi de quoi j'ai signé le
« présent pour certifier la vérité.

    « Fait à St-Jean-de-la-Ruelle, le 17 fé-
« vrier 1836.

        « *Signé* BLANCHARD, P. P. »

    « Nous, maire de la commune de St-Jean-de-
« la-Ruelle, certifions que la signature *Blan-*
« *chard*, P. P. est bien celle du meunier, et
« que foi doit y être ajoutée.

    « A la mairie de St-Jean-de-la-Ruelle, le
« 17 février 1836.

        « *Signé* LABARRE. »

        (Cachet de la mairie.)

    « Vu pour légalisation de la signature de
« M. Labarre, maire de St-Jean-de-la-Ruelle.

        « Orléans, le 17 février 1836.

    « Le conseiller de la préfecture délégué,

        « *Signé* MARCHAND. »

    (Cachet de la préfecture.)

Après ces expériences, je ne doutai plus de pouvoir parvenir à rendre le sarrasin utile aux cultivateurs. Je me rappelai qu'en Pologne on fabriquait le gruau de sarrasin et même une espèce de petit gruau ayant de l'analogie avec la semoule de froment en usage en France, ainsi que de la farine pour l'usage de l'homme ; qu'on en exportait aussi à l'étranger ; que le gruau surtout était fort recherché par les Russes et les Anglais ; que le petit gruau faisait les délices du Hollandais ; que la farine mélangée avec d'autres céréales donnait un pain mangeable, dont se nourrissaient les paysans polonais. Le gruau de sarrasin est en Pologne à un prix plus élevé qu'en France. La cause de cette différence consiste dans l'exploitation utile de ce grain. En Bretagne, on extrait du sarrasin une farine noirâtre, croquante sous les dents et de très-mauvaise qualité, ne pouvant être employée pour la confection du pain sans y mélanger de la farine d'orge, de seigle ou de froment. La France récolte beaucoup de sarrasin dans seize départemens.

Il peut devenir une nouvelle source de richesses pour le pays, et une nouvelle branche de commerce et d'industrie.

Le 12 janvier 1836, j'ai présenté au ministre du commerce et des travaux publics un mémoire dans lequel j'ai exposé les avantages que pouvaient retirer par mon procédé les habitans de la campagne, et, par sa dépêche du 22 janvier de la même année, il m'a répondu que le procédé qu'on lui avait présenté lui semblait de nature à ne pouvoir être apprécié qu'après des expériences, me conseillant de prendre un brevet.

Considérant la position de l'armée française à Alger, qui à cause de ses continuelles excursions contre les Arabes, se trouve privée des alimens nécessaires à sa nourriture, et que le gruau de sarrasin, plus facile à transporter, pouvait être employé à celle du soldat, je proposai au ministre de la guerre de faire des expériences pour le gruau qui lui fut présenté, et, d'après les ordres de sa dépêche du 8 février 1836, l'intendant militaire de Paris s'occupa des expériences demandées, dans le local de la manutention des vivres, rue du Cherche-Midi. La pièce ci-jointe prouve ce que j'avance :

Division militaire. — Place de Paris. — Procès-verbal constatant l'emploi du gruau de sarrasin pour la nourriture des troupes.

« L'an 1836, le 1er mars, nous, Joseph-Victor
« Joinville, sous-intendant militaire chargé
« de la surveillance administrative des subsi-

« stances dans la place de Paris, conformé-
« ment à la dépêche ministérielle du 8 février
« dernier, qui prescrit de faire des épreuves
« du gruau de sarrasin pour la nourriture des
« troupes, et le mode proposé par M. *Sa-*
« *niewski*, polonais, demeurant rue St-André-
« des-Arts, n° 54, nous sommes rendu à la ma-
« nutention des vivres, pour faire procéder
« en notre présence aux dites épreuves. Nous
« y avons trouvés réunis MM. Renier, direc-
« teur chargé du service des vivres, et M.
« Saniewski.

« Nous avons immédiatement engagé M. Sa-
« niewki à nous présenter ses idées et à com-
« mencer ses opérations.

« Un chaudron a été mis à sa disposition ;
« trois livres de sarrasin, prélevées sur 25 ki-
« los, ont été mélangées dans six litres d'eau
« bouillante, et sont restées sur le feu 15 ou
« 20 minutes. Cette quantité de boullie a été
« ensuite retirée et relevée d'environ un quar-
« teron de beurre et d'une certaine quantité de
« sel. M. Saniewski a fait remarquer que le
« lard aurait pu être employé dans la même
« proportion.

« Cet aliment paraît substantiel ; il est
« agréable au goût, et ressemble aux galet-
« tes de sarrasin dont on se nourrit en Bre-

« tagne, et que l'on conserve plusieurs jours.

« Le gruau de sarrasin a coûté un franc le
« kilo. M. Saniewski, qui l'a procuré lui-même,
« fait remarquer à cet égard qu'il est à croire
« que par la suite il ne coûtera que 60 cent.
« le kilog (1).

« De tout ce, nous, sous-intendant militaire
« sus-désigné, avons dressé le présent procès-
« verbal, qu'ont signé avec nous, séance te-
« nante, MM. Saniewski et Benier, les jour,
« mois et an que dessus. »

« *Signé* Benier, Saniewski (Félix) et

« Joinville (Victor).

« Pour copie conforme : le sous-intendant
« militaire,

« *Signé* JOINVILLE. »

(Cachet de l'intendant militaire).

Je ne puis passer sous silence un fait assez
singulier, c'est que ni le sous-intendant militaire ni le directeur des vivres ne goûtèrent
l'aliment préparé. Ils se sont contentés d'indiquer seulement au procès-verbal que la
bouillie était analogue à la galette de Bretagne.
Pourtant il est facile de se convaincre de l'é-

(1) Mes assertions ont été justes, puisqu'aujourd'hui je le vends
60 c. le kilog.

norme différence qui existe entre la galette et le gruau de sarrasin, soit dans l'apparence soit dans le goût, la première étant une pâte frite sur un poële et le second un entre-mets comme le riz, le millet, etc.

L'intendant militaire a remis à M. le ministre un rapport qui repose tranquille dans ses cartons, et je n'ai reçu aucune réponse ultérieure.

A cette époque M. le maréchal Clausel était gouverneur d'Alger. Je pris la liberté de lui représenter l'utilité du gruau pour les troupes de l'Algérie; cette démarche fut aussi infructueuse que l'autre, et j'oserai soutenir aujourd'hui que si les soldats qui allèrent la première fois sous les murs de Constantine eussent été approvisionnés de gruau chacun pour six jours, Constantine aurait succombé, et la France n'eût pas eu à déplorer la perte de ses braves et évité les dépenses d'une seconde expédition.

Désirant que mon procédé et l'excellence du gruau fussent appréciés par la Société royale centrale d'agriculture de Paris, afin que par l'intermédiaire de cette réunion distinguée ils pussent être répandus en France, j'ai présenté le 27 janvier 1836 un mémoire à cette Société, ayant soin d'indiquer les moyens de fabrication , et les avantages qu'on retirerait de la culture du sarrasin.

La Société, après s'être occupée de ce mémoire, a nommé une commission chargée d'éclairer la nature de ce procédé.

Le 10 février 1836, M. Séguier fils, membre de ladite Société, a rendu dans la séance publique un compte verbal sur le moyen employé à la fabrication du gruau de sarrasin, et la Société eut l'intention de poursuivre ses travaux au sujet de mes projets ; mais le 18 février de la même année, un nouveau membre s'étant présenté à la séance de la Société, dit que c'était temps perdu de s'occuper de cette affaire, déclarant qu'on faisait usage du sarrasin en Sologne et que ce procédé y était connu.

Sur une telle assertion de l'un de ses membres les plus distingués, la Société décida qu'on mettrait la question à l'ordre du jour, et m'a fait connaître sa décision par l'organe de son président M. le duc Decazes.

Le temps a montré combien l'assertion de l'honorable enfant de la Sologne était vraisemblable et méritait d'être crue. Quant à moi, sûr de ce que j'avance, je ne me suis point tenu pour battu ; je suis retourné à Orléans, et, poursuivant mes travaux, je me suis rendu à

Romorantin, capitale de la Sologne, le 16 octobre, auprès de M. Thuau de Beauchêne, président du Comice agricole ; je lui ai présenté les
échantillons de mes produits de sarrasin, en
lui exposant mes vues d'utilité pour le pays et
l'amélioration du sort des paysans de cette
contrée. M. le président m'engagea à assister
le 15 novembre à la séance du Comice agricole, afin d'y exposer mes idées, et m'assurant
de sa protection. J'obtins du ministre la per-
mission de me rendre à Romorantin le 15 novembre. Le Comice agricole de cette ville,
après s'être assuré par les premières expériences de l'utilité du procédé qui était soumis à
son analyse, nomma une commission pour en
apprécier le mérite et en rendre compte le plus
tôt possible. Cinq mois s'étaient écoulés, et la
commission ne s'acquittait point de sa mission.
Je me rendis alors à Blois auprès de la Société
royale d'agriculture de Loir-et-Cher, sollici-
tant une convocation extraordinaire de ses
membres. Le 30 avril 1837, la commission administrative de ladite Société s'assembla et me
représenta que je me trompais dans mes assertions : que la farine pure de sarrasin sans
mélange d'autres grains ne pouvait servir à la
panification, puisque, d'après le sentiment de
tous les auteurs, le sarrasin manquait de glu-

ten ; mais après avoir réfuté cette idée et après les expériences faites dans la bibliothèque même de la Société sur un petit moulin, la commission administrative m'accorda 50 fr. pour l'achat de pierres à meules et m'engagea à expérimenter rigoureusement devant les commissaires nommés *ad hoc*.

Ici je prierai la Société de vouloir bien accepter l'hommage de ma reconnaissance ; car, réduit aux subsides que la France a la bonté de m'accorder, subsides que l'on venait de diminuer d'un dixième, il m'était difficile de visiter différentes localités à la recherche de pierres convenables à l'usage auquel je les destinais. J'eus le bonheur d'en trouver ; elles arrivèrent à Blois au mois de juillet ; j'ai fait les expériences devant les commissaires ; le pain, composé entièrement de sarrasin, fut mis au four, trouvé mangeable et d'un goût agréable, comme nous le démontrerons ci-après.

Dans le même temps, j'envoyai à Nantes, au jury de l'exposition de quinze départemens qui y était ouverte, de la semoule, du gruau et de la farine de sarrasin. Les produits furent jugés dignes d'être admis à l'exposition, et se trouvent actuellement désignés dans le catalogue sous le n° 98.

Je me rendis moi-même à Nantes le 5 août,

pour développer mon procédé au jury de l'exposition ; mais, obligé de faire la route à pied
par la chaleur, je tombai malade et restai un
mois à l'hôpital de Nantes, et manquai mal-
heureusement le but de mon voyage, sans
pouvoir assister à la séance de la Société royale
d'agriculture de Blois, le 25 août. On y lut le
rapport des commissaires sur l'emploi du sarrasin, et je reçu d'elle une récompense decent
francs.

Je voulus faire connaître les autres avantages qu'offrait le sarrasin ; je fis en conséquence
servir de la semoule au lait, du gruau au ragoût de mouton ainsi que le gruau préparé de
la manière usitée chez les seigneurs russes et
en Angleterre ; et, les 4 et 5 novembre 1837,
jour des élections à Romorantin, tous les hô-
tels offrirent aux électeurs du pain de sarrasin
pur, qui fut généralement trouvé bon.

Beaucoup de médecins ont reconnu que la
semoule et le gruau étaient une nourriture
saine, facile à la digestion et réchauffante, et,
dans la maladie fébrile qui sévit en Sologne à
la fin de 1837, ils ordonnèrent cette nourriture
préférablement à la semoule de froment et à
la soupe au pain.

Enfin, pour réfuter l'assertion de l'honorable membre de la Société royale centrale

d'agriculture qui soutenait à Paris, le 18 février 1836 , que mon procédé était connu en Sologne, je m'adressai pour la seconde fois au Comice agricole de Romorantin, qui, réuni dans sa séance générale du 15 novembre 1837, nomma une nouvelle commission qui assisterait à de nouvelles expériences et ferait un rapport minutieux sur les produits du sarrasin.

Cette commission, après les séances des 19 novembre 1837, 20 et 21 janvier 1838, a lu son rapport, dans lequel elle a rendu compte des essais sur la panification du sarrasin.

Le 24 janvier 1838, le Comice agricole de Romorantin a émis la décision suivante :

« Du procès-verbal de la séance du Comice
« agricole de l'arrondissement de Romorantin,
« en date du 24 janvier 1838, a été extrait ce
« qui suit ;

« Aujourd'hui, le 24 janvier 1838, les mem-
« bres du Comice agricole de l'arrondissement
« de Romorantin convoqués par M. le prési-
« dent; étaient présens dans une des salles du
« palais de justice de Romorantin , MM. de
« Beauchêne, président; Martin - Bruère,
« vice-président; Cornu-Baranger, trésorier;
« Alexandre Martinet, vice-secrétaire; Rous-
« seau-Lecomte jeune, Baillio (Charles), Cotte-
« reau, Bidault, Alexandre Rousseau.

2

« M. le président a ouvert la séance ; il a
« fait connaître à l'assemblée que la commis-
« sion chargée de l'examen du procédé du
« sieur *Saniewski* lui ayant annoncé qu'elle
« en avait l'expérience et que son rapport était
« prêt, il avait convoqué le Comice pour en
« entendre la lecture.

« M. Baillio ayant été nommé rapporteur
« par la commission, M le président l'a prié
« de donner lecture de son travail.

« Après avoir entendu la lecture du travail
« du rapporteur et de la commission, le Co-
« mice a été d'avis que le procédé du sieur Sa-
« niewski, appliqué à un système mécani-
« que (1) plus développé que sa machine, s'il
« était adopté en Sologne, pourrait rendre un
« grand avantage à ce pays, en lui fournissant
« les moyens de tirer un meilleur parti du
« sarrasin pour la nourriture des hommes et
« des animaux, et par cela même augmente-
« rait la valeur vénale de ce grain. Il a regretté
« que les fonds à sa disposition ayant reçu une
« destination, il ne lui fût pas possible d'ac-
« corder une récompense au sieur Saniewski ;

(1) Le système mécanique dont fait mention le Comice ne serait
utile qu'aux riches, et mon intention était d'améliorer le sort des
pauvres paysans en Sologne ; mais les membres du Comice se sou_
ciaient peu apparemment de mes désirs et du bien-être de cette
classe vraiment malheureuse.

« mais il a chargé son président d'adresser
« à M. le préfet une copie du rapport de la
« commission, et de le prier d'accorder au
« sieur Saniewski la récompense qu'il mérite.

« Suivent les signatures des membres pré-
« sens.

« Pour extrait conforme, Romorantin, le
« 14 février 1838.

« *Signé* THUAULT DE BEAUCHÊNE. »

Elle a définitivement prouvé que mon procédé n'était pas connu auparavant en Sologne.

Je me rendis alors à Paris pour la seconde fois ; je présentai de nouveau mes travaux à la Société royale centrale d'agriculture, qui nomma une commission. Elle fit son rapport, le pain fut cuit, la semoule et le gruau furent apprêtés, goûtés par les membres présens à la séance du 28 mars, et la décision suivante fut prise :

Extrait du registre des délibérations de la Société royale et centrale d'agriculture.

« *Séance du* 28 *mars* 1838.

« M. Payen fait, au nom de MM. d'Arcet et

« Chevreul, et au sien, le rapport suivant :

« Messieurs, les produits en farine et gruau,
« extraits par M. *Saniewski*, sont évidemment
« de meilleure qualité que les produits extraits
« généralement par les procédés usuels.

« La farine présentée par M. Saniewski peut
« être employée, pure ou mélangée, à la fabri-
« cation d'un pain bien moins grossier que ce-
« lui obtenu de la farine ordinaire de sarrasin ;
« mais nous avons dû reconnaître que ce pain
« lève moins bien et reste plus compact
« après la cuisson que le pain de pur fro-
« ment (1).

« C'est dans la préparation des potages, des
« bouillies et de diverses pâtes alimentaires,
« que la farine et les gruaux de sarrasin
« obtenus plus purs à l'aide des moyens de
« M. Saniewski, offrirent plusieurs avantages
« marqués. Ces alimens sont en effet plus
« agréables au goût que leurs analogues pré-
« parés en employant les farines ordinaires.

« Nous avons l'honneur de vous proposer
« d'accorder à M. Saniewski *une mention*
« *honorable pour ses utiles et persévérans ef-*
« *forts.*

---

(1) Jamais je n'ai avancé que le pain de sarrasin valût celui
de pur froment, car le pain de seigle et d'orge lui-même est d'une
qualité inférieure à celui de froment et plus compact.

« La Société approuve le rapport et ses con-
« clusions.

« Pour extrait conforme ,

« Le secrétaire perpétuel de la Société ,

« *Signé* Baron DE SILVESTRE. »

En même temps je présentai un mémoire
à la Société royale d'encouragement pour l'industrie nationale, démontrant que ses vœux
exprimés dans le programme du 2 décembre 1828 étaient accomplis, et demandant la
récompense promise. La décision suivante dut
toutefois me satisfaire.

*Extrait du bulletin de la Société royale d'en-
couragement pour l'industrie nationale.*

(37ᵉ année, nº CCCCXI, page 379.)

Agriculture. — Sarrasin.

Rapport fait par M. de Lasteyrie, *au nom du
Comité d'agriculture, sur un moulin à préparer
le sarrasin, présenté par* M. Saniewski.

« La Société d'encouragement avait propo-
« sé, en 1828, un prix pour celui qui lui pré-
« senterait un moulin propre à décortiquer
« le sarrasin, de manière à séparer la partie

« blanche, farineuse et nutritive, de son en-
« veloppe, qui lui communique une couleur
« désagréable et une saveur âcre, sans donner
« aucune partie nutritive. Elle avait re-
« connu que ce grain était susceptible, en re-
« cevant des préparations convenables, de
« fournir une nourriture saine et savoureuse,
« principalement aux classes peu fortunées,
« qui en font un usage habituel dans plu-
« sieurs de nos départemens. Elle voyait avec
« peine que la manière de le préparer était de
« nos jours aussi grossière et aussi barbare qu'à
« l'époque où cette plante fut introduite en
« France, et que ce genre d'industrie était
« resté complètement stationnaire. Les nations
« étrangères, surtout celles au nord de la
« France, se sont appliquées à faire subir au
« sarrasin des préparations et des apprèts qui,
« en le rendant plus sain et plus savoureux,
« en ont étendu l'usage et l'ont introduit sur
« les tables les plus recherchées. La Pologne,
« la Russie, ainsi que l'Allemagne et la Hol-
« lande, en font une grande consommation.
« Un membre de votre comité a trouvé gé-
« néralement dans les boutiques de ces der-
« niers pays le sarrasin façonné à la manière
« de l'orge perlé, en gruau ou en semoule. Ce
« grain, ainsi préparé, entre dans la confec-

« tion des potages, des gâteaux, des pouddings,
« des bouillies, tandis que les habitans de nos
« campagnes se contentent d'en former des
« bouillies, des galettes, ou un pain encore
« plus grossier et plus indigeste.

« Il est facile de concevoir que le sarrasin
« préparé convenablement est plus sain, plus
« nutritif et plus savoureux que lorsque,
« après l'avoir fait passer sous une meule or-
« dinaire, ainsi que cela se pratique dans nos
« départemens, on obtient un mélange gros-
« sier de la farine et de la pellicule.

« Nous sommes donc redevables à M. *Sa-*
« *niewski* d'avoir apporté parmi nous un per-
« fectionnement notable dans la préparation
« du sarrasin, au moyen d'un petit moulin qui,
« en séparant la pulpe de l'écorce, donne, soit
« un gruau plus ou moins gros, soit un gruau
« plus fin, analogue à la semoule, soit une fa-
« rine dégagée de la partie corticale du gruau.

« Ce moulin est composé de deux meules
« de quinze pouces de diamètre, placées verti-
« calement l'une sur l'autre, et montées de
« manière à pouvoir se tenir à une distance
« convenable, selon le genre de préparation
« que l'on veut donner au grain; il ressemble
« aux petits moulins à moutarde, et se meut
« de la même manière.

« N'ayant pas vu opérer ce moulin, nous ne
« pouvons juger des avantages qu'il peut
« avoir sous le rapport de la célérité, et par
« conséquent de l'économie dans le travail.
« Nous trouvons seulement dans un rapport
« fait à la Société d'agriculture de Loir-et-
« Cher, qu'une seule personne peut en un
« jour préparer quatre boisseaux (1) de sar-
« rasin, et que le moulin coûte de cinquante
« à soixante francs (2).

« Les échantillons des produits obtenus
« par M. Saniewski et envoyés à la Société
« d'encouragement ont paru à votre comité
« d'agriculture avoir toutes les qualités dé-
« sirables et être propres à donner un aliment
« sain, économique et approprié aux usages
« des tables, surtout à celles des habitans de
« nos campagnes. Quant au pain fait avec dif-
« férentes proportions de farine de froment
« et de farine de sarrasin qui nous a été pré-
« senté, nous croyons que quoiqu'il soit pas-
« sablement savoureux, et qu'on puisse en
« faire usage dans certaines circonstances, il
« serait bien plus avantageux et plus éco-

(1) Je l'ai perfectionné à ce point qu'un enfant de dix ans peut
préparer avec ce moulin, dans un jour, un hectolitre de sarrasin.

(2) Nous verrons plus loin qu'il y a erreur en ce qui concerne le
prix du moulin, qui coûte 110 à 120 francs avec ses accessoires.

« nomique d'apprêter isolément les produits
« du sarrasin.

« Votre comité, considérant le progrès que
« M. Saniewski a fait faire à un genre d'in-
« dustrie qui avait depuis long-temps attiré
« votre attention, les différens voyages qu'il
« a entrepris dans plusieurs de nos départe-
« mens pour faire connaître son procédé,
« quoiqu'il soit peu fortuné, vous propose :
1° De remercier M. Saniewski de la commu-
« nication qu'il vous a faite de ses procédés;
« 2° D'écrire à M. le ministre du commerce
« de vouloir bien prendre en considération le
« service rendu à la France par M. Saniewski,
« et de lui donner quelque preuve de sa bien-
« veillance.

« *Signé* C. de Lasteyrie, *rapporteur.*

« Approuvé en séance, le 11 avril 1838. »

M. le ministre du commerce et des travaux
publics, instruit de ma persévérance et de mes
efforts, m'a rendu justice dans la séance générale de la Société royale centrale d'agriculture de Paris, le 22 avril 1838, par une mention honorable; et voulant me couvrir des frais
que j'avais supportés dans la continuation de
mes travaux, et m'encourager à persister dans

ma résolution, il m'a accordé une gratification de 300 francs.

Enfin est arrivée l'exposition de cette année (1839) pour les produits de l'industrie nationale; j'ai présenté mes produits, qui furent admis dans la galerie des produits chimiques, sous le numéro 3,367. J'ai donné en personne des explications nécessaires au jury central, j'ai reçu des complimens; mais mes semoules, mes gruaux et ma farine, qui peuvent être si utiles à deux millions d'habitans, n'ont pu trouver grâce devant le chocolat Ménier et sont restés là.

J'espère avoir prouvé, par l'exposé de mes tentatives et de mes travaux, que mon but principal, en voulant introduire en France la connaissance de la fabrication de la semoule, du gruau et d'une farine propre à la panification, ainsi que leur usage, que mon but principal, dis-je, a été d'être utile à la classe agricole, qui est la plus pauvre.

A l'appui de ce que j'avance, je prie le lecteur de vouloir bien considérer qu'après avoir reçu la dépêche ministérielle précitée (*voyez* page 10) je pouvais prendre un brevet d'invention, m'associer à quelque riche capitaliste, trouver en un mot le moyen d'exploiter ce brevet au préjudice de deux millions d'habitans de la France; mais j'ai préféré doter mon pays adoptif.

Sans autres ressources que les modiques subsides du gouvernement, j'ai fait toutes les dépenses nécessaires, me contentant de quelques éloges et de quelques recommandations. Mais c'est assez entretenir de moi le lecteur; démontrons maintenant l'utilité qu'on peut retirer du sarrasin, et écoutons le rapport de la Société royale d'agriculture de Loir-et-Cher, dans sa séance générale du 25 août 1837.

« En Bretagne, on fait avec la farine du sar-
« rasin de la bouillie au lait ou à l'eau, des
« crêpes, et d'épais et lourds gâteaux. Dans
« cette province, les habitans ont un meuble
« de ménage pour obtenir cette farine; c'est
« un petit moulin qui présente quelque ana-
« logie avec le moulin à café. En Sologne, on
« fait moudre le sarrasin aux moulins à blé
« ordinaires. Dans les deux endroits, on ne se
« propose qu'une chose, c'est d'obtenir de la
« farine, et tout le grain est réduit en poudre
« fine; ce qui fait que l'écorce est mêlée à la
« pulpe, le son à la farine, de manière à ne
« pouvoir en être séparé. Il en résulte que ce
« mélange est de couleur brune et de saveur
« âcre, qualités qu'il doit au son; car nous
« avons obtenu de la farine pure, sans mau-

« vais goût et presque aussi blanche que celle
« du froment. Cependant une précaution peut
« diminuer de beaucoup cet inconvénient :
« une grande partie des parcelles brunes très-
« tenues, qui se trouvent mélangées à la fari-
« ne, proviennent d'une sorte de cupule mem-
« braneuse qui enveloppe une partie du grain
« de sarrasin. Il suffit d'un frottement assez
« léger pour détacher cette membrane ; et, si
« on opère dans l'eau, tous les débris de la cu-
« pule gagnent la surface comme les mauvais
« grains, ce qui rend très-facile cette espèce
« d'émondage. C'est là ce qu'on fait en Bre-
« tagne : on met une certaine quantité de sar-
« rasin dans un baquet à demi plein d'eau,
« et on l'agite avec les pieds ; toutes les impu-
« retés gagnent la surface, et on obtient, en
« décantant, le grain parfaitement pur. Cette
« préparation préalable, simple et peu dispen-
« dieuse, nous semble, dans tous les cas, de-
« voir être fort avantageuse. Son plus grand
« inconvénient est l'obligation qui en résulte
« de faire sécher le sarrasin au four avant de
« le mettre sous la meule. Probablement on
« obtiendrait le même avantage sans cet in-
« convénient, en opérant le frottement à sec,
« et en passant au van ou au tarare.

« En France, le sarrasin est abandonné aux

« indigens, et jamais il ne paraît sur la table
« du riche. En Pologne, au contraire, en Rus-
« sie, en Allemagne, on sait préparer avec le
« sarrasin différens mets assez recherchés.
« Les Polonais surtout paraissent faire un
« commerce considérable de cette céréale ; ils
« en retirent : 1° du gruau très-gros, qui sert
« à faire des gâteaux et des pâtés ; 2° un gruau
« plus fin, employé comme la semoule pour la
« soupe ; 3" de la farine fort belle, dont on
« fait de la galette et de la bouillie, et qui, asso-
« ciée à celle du froment ou du seigle, fait du
« pain passable ; 4° de la recoupe qu'on donne
« aux chevaux, aux porcs et aux volailles.

« M. Saniewski nous a montré par quel pro-
« cédé bien simple on obtient ces différens
« produits. Il s'est servi devant nous d'un pe-
« tit moulin à bras, composé de deux pierres
« meulières superposées, de 15 pouces de dia-
« mètre, dont la supérieure est mue sur l'au-
« tre par un mouvement de rotation imprimé
« avec la main et un bâton. La confection de
« ce petit moulin, avec lequel une seule per-
« sonne peut en un jour préparer facilement
« 4 boisseaux de sarrasin, coûte de 50 à 60 fr.
« Les meules sont tenues fort éloignées l'une
« de l'autre, de manière à concasser le grain
« sans le broyer. Comme elles sont d'un rayon

« fort petit, une quantité assez considérable
« de grains s'échappe sans être endomma-
« gés, et il devient nécessaire de les repas-
« ser au moulin après les avoir séparés du
« reste. Cette première opération terminée,
« on procède à une tamisation qui donne la
« farine et la recoupe mêlées ; puis on passe
« ce produit à un second tamis plus fin pour
« séparer la farine de la recoupe. Le premier
« résidu est ensuite passé à un crible assez fort
« qui retient le gros son et donne le gruau
« mélangé avec le son le plus fin. On vanne
« pour faire envoler le son, et il reste le gruau
« qu'on peut séparer en deux qualités, sui-
« vant la grosseur, avec un second crible plus
« fin. Ces opérations sont assez multipliées ; ce-
« pendant chacune d'elles est peu longue, et
« en résumé les produits s'obtiennent assez
« promptement. Dans une première expérien-
« ce, M. Saniewski, aidé d'un de ses compa-
« triotes, a mis 45 minutes pour préparer cinq
« livres de sarrasin ; dans une seconde, il a
« mis, aidé d'une femme, quatre heures pour
« en préparer deux boisseaux.

« Nous avons pensé que dans cette prépa-
« ration la main-d'œuvre augmenterait néces-
« sairement beaucoup le prix des produits, et
« nous avons voulu voir s'il ne serait pas pos-

« sible d'opérer en grand avec un moulin or-
« dinaire. Nous avons, dans ce but, fait met-
« tre 4 boisseaux de sarrasin dans un moulin
« mu par l'eau, en ayant soin d'en faire tenir
« la meule très-haute. Nous avons ensuite fait
« passer cette *mouture* dans un blutoir ordi-
« naire, après toutefois avoir eu soin de jeter
« le premier boisseau passé, pour éviter tout
« mélange d'*engrain*. Cette opération nous a
« donné de la farine, de la recoupe, et un ré-
« sidu contenant le son, le gros et le petit
« gruau. Au moyen du vanage et du criblage,
« nous avons obtenu ces trois produits sépa-
« rément.

« Vous pouvez, messieurs, examiner tous
« ces produits. Nous les mettons sous vos
« yeux. Vous trouverez la farine plus belle
« que celle qu'on emploie en Sologne et en
« Bretagne. La couleur grise et la saveur âcre
« de celle-ci tient, au moins en partie, comme
« nous l'avons déjà indiqué, au mélange d'une
« grande quantité de parcelles de son, rédui-
« tes à un état de trop grande ténuité pour
« pouvoir être séparées de la farine, incon-
« vénient qui n'existe pas quand on a soin de
« faire du gruau, c'est-à-dire de tenir la meule
« très-haute. Vous trouverez aussi la farine
« que nous avons obtenue à un grand moulin

« moins belle que celle faite par M. Saniewski
« à son petit appareil; cela tient bien évi-
« demment au manque d'habitude du meu-
« nier que nous avons employé. Sans aucun
« doute, il en serait tout autrement s'il était
« exercé à ce genre d'opérations.

« Les produits obtenus, il nous restait un
« point bien important à examiner. De quelle
« manière les employer ?... comme on les em-
« ploie depuis long-temps en Pologne, en Rus-
« sie, en Allemagne, en Hollande, en Angle-
« terre : le gros gruau sert à faire des espèces
« de gâteaux épais fort recherchés en Russie
« et en Allemagne, au dire des personnes qui
« ont habité ces pays, et qui en ont mangé
« avec plaisir. Le petit gruau remplace tout-à-
« fait la semoule et le riz; il se mange au gras,
« au lait, et même à l'eau avec ou sans beur-
« re. C'est là, nous le pensons, la meilleure
« nourriture qu'on puisse retirer du sarrasin;
« elle est agréable, et nous a paru devoir être
« très-substantielle. On prétend, dit Parmen-
« tier dans le *Dictionnaire d'histoire natu-
« relle*, que les Hollandais transportent leur
« sarrasin, ainsi mondé, dans l'Inde et la Chi-
« ne, pour le vendre, sous le nom de *petit riz
« européen*, aux habitans de ces contrées,
« qui en font le plus grand cas.

« On pourrait donc se contenter de ces
« deux produits, le gros et le petit gruau,
« pour l'alimentation des hommes, et aban
« donner la faible quantité de farine obtenue
« avec la recoupe, pour engraisser les ani-
« maux. Néanmoins on peut aussi avec la
« farine faire de la bouillie et des crêpes fort
« agréables au goût.

« On a toujours regardé la farine de sarra-
« sin comme non susceptible de panification ;
« en effet, elle manque de gluten. Nous avons
« cependant voulu en faire l'essai. Nous avons
« fait faire un pain de farine de sarrasin pure,
« sauf le levain, et un autre de farine de sar-
« rasin et de farine de froment, par parties
« égales. Le premier est compact et lourd ; il
« a un goût douceâtre très-prononcé ; néan-
« moins il est certainement mangeable, et bien
« des indigens s'estimeraient heureux d'en
« avoir toujours de semblable. Le second est
« vraiment passable, et beaucoup de fermiers
« s'en contenteraient volontiers.

« L'état chétif des habitans de la Sologne,
« qui se nourrissent en grande partie de sar-
« rasin, porterait à penser que cette substance
« ne convient pas à l'alimentation de l'homme.
« Mais il ne faut pas oublier que les Solognots
« sont si pauvres que le pain est presque leur

« seule nourriture, et l'on sait que le meilleur
« est insuffisant pour une bonne alimentation.
« D'ailleurs le sarrasin, non susceptible de
« la fermentation panaire, peut être un fort
« mauvais aliment, mangé en pain, et une
« excellente nourriture préparé de toute autre
« manière. N'en est-il pas ainsi de la pomme-
« de-terre ? Et les Bretons, dont le sarrasin fait
« une partie de la nourriture, ne sont-ils pas
« gros et forts ? Du reste il serait très-intéres-
« sant de faire sur le sarrasin des expériences
« directes, comme on en fait sur la gélatine,
« pour reconnaître ses qualités nutritives.

« Afin de pouvoir apprécier l'avantage des
« produits nouveaux, nous avons dû recher-
« cher dans quelles proportions on les obtient.
« Or, dans une première expérience, 5 livres
« de sarrasin ont donné :

Gruau.	1 liv.	12 onces	
Farine.		4	1/2
Recoupe.	1	12	
Son.		14	1/2
Perte.		5	

« Dans une seconde expérience, 32 livres
« 8 onces, réduites à 31 livres 8 onces par le
« nettoiement, ont donné :

Gros gruau. . . . . 8 liv. 4 onces.

Petit gruau. . . . .   4 liv.   4 onces.
Farine   4   8
Recoupe   3   12
Son.   8   8
Perte.   2   4

« Voici maintenant comment M. Saniewski
« établit ses calculs :

« Quatre boisseaux de sarrasin, à 95 centimes, coûtent. . . . . . .   3 fr. 80 c.
Frais de préparation (une
journée de travail). 1   50
                              ____
            Total. . . . 5   30

Produit de quatre boisseaux de sarrasin , pesant
après nettoiement 60 livres.

Gros gruau. . . . 16 liv. à 30 c. . . 1 f. 80 c.
Petit gruau. . . . 6   à 35 c. . . 2   10
Farine 6   à 15 c. . .   90
Recoupe. 13   à 5 c. . .   65

Son (à jeter). . . 17   Total. . . 8 45
Perte. 2
                       ____
    Total. . . 60 liv.

« Ces proportions ne sont pas exactement
« celles que nous avons trouvées ; cependant
« elles en diffèrent peu et elles peuvent être
« admises. Il en résulterait pour le fabricant

« en petit un bénéfice net de 8,44 — 5,30,
« c'est-à-dire 3 fr. 15 cent. par journée d'hom-
« me, ou bien 78 c. par boisseau de sarrasin.

« Nous ne pensons pas que les prétentions
« de M. Saniewski soient trop élevées, et nous
« croyons que ce serait rendre au pays un vé-
« ritable service que de favoriser cette nou-
« velle industrie. L'expression *nouvelle* n'est
« pas rigoureusement exacte ; car depuis
« quelques années on vend à Paris, surtout
« aux Anglais, passage Choiseul, nº 12, du
« gruau de sarrasin que nous vous présen-
« tons pour que vous en puissiez faire la com-
« paraison avec celui de M. Saniewski. Il nous
« semble trop fin pour être employé comme
« le gros gruau à faire des gâteaux, et trop
« gros pour remplacer la semoule ; nous
« croyons que M. Saniewski a mieux atteint
« le but, et cependant il offre son gruau, ter-
« me moyen, à 31 centimes, tandis que celui
« de Paris est vendu 60 centimes. La diffé-
« rence est de près de moitié ; encore avons-
« nous estimé le sarrasin au prix d'aujour-
« d'hui, c'est-à-dire à la valeur la plus grande
« qu'il ait jamais. Sans aucun doute aussi
« la main-d'œuvre serait promptement dimi-
« nuée, si la consommation devenait considé-
« rable, et les produits pourraient être livrés à

« plus bas prix. Pour apprécier l'importance
« de cette nouvelle industrie, il suffit de sa-
« voir que, d'après une estimation approxi-
« mative de M. de la Giraudière, l'arrondis-
« sement de Romorantin seul produit annuel-
« lement 140,000 hectolitres de sarrasin, les
« semences prélevées.

« Une seule objection se présente : où trou-
« vera-t-on la consommation de tant de
« gruau ?... D'abord dans le pays même , dont
« il pourrait faire une des principales nourri-
« tures, sans doute au profit de la santé des
« habitans. Ensuite nous pourrions approvi-
« sionner l'Angleterre, qui maintenant tire
« de Russie et de Pologne. Pourquoi n'en-
« verrions-nous pas aussi le petit gruau dans
« l'Inde, puisqu'il y est recherché ? Enfin il
« est une considération majeure que présente
« M. Saniewski : le gruau de sarrasin, dit-il ,
« est très-nourrissant sous un très-petit vo-
« lume. Il se conserve très-bien, est peu lourd
« et absorbe beaucoup d'eau ; en un mot, il
« présente tous les avantages du riz ou de la
« semoule pour les voyages de long cours et
« pour les expéditions militaires.

« Nous avons fait à cet égard quelques ex-
« périences comparatives. Nous avons trouvé
« que le gruau de sarrasin absorbe un sixième

« d'eau de plus que la semoule de froment.
« Le riz en prend une plus grande quantité
« pour cuire ; mais cela tient évidemment au
« temps plus considérable pendant lequel on
« est obligé de le tenir sur le feu, et à l'évapo-
« ration qui s'ensuit ; car, après cuisson, son
« volume est moins considérable que celui du
« sarrasin.

« Le gruau de sarrasin a un goût plus pro-
« noncé que le riz et la semoule. Aussi ces
« dernières substances nous ont-elles paru
« préférables pour les préparations au sucre,
« qui doivent tirer presque toute leur saveur
« de l'ingrédient, et la première nous a-t-elle
« semblé meilleure pour les mets presque sans
« assaisonnement qui ont besoin d'être relevés
« de goût par la matière même qui en fait la
« base. Ainsi, cuits au lait et sucrés, nous pré-
« férons le riz et la semoule ; cuit au lait sans
« sucre ou à l'eau et au sel, avec ou sans
« beurre, nous aimons mieux le gruau de sar-
« rasin.

« Quant aux prix, il y a une fort grande
« différence, puisqu'en ce moment le com-
« merce de détail vend le riz et la semoule
« à 80 c. le kilog., et que le gruau de sarrazin
» est déjà offert à 62 ; et n'oubliez pas que
« nous avons basé nos calculs sur le prix le

« plus élevé du sarrasin, et que nous avons
« compté très-haut la main-d'œuvre et les bé-
« néfices, parce que nous avons supposé une
« opération en petit. Que si le gouvernement,
« par exemple, remplaçait le riz par le gruau
« de sarrasin dans les voyages de long cours
« et dans les expéditions lointaines, nul doute
« qu'il ne pût se procurer cette denrée à un
« prix infiniment moins élevé.

« Nous croyons donc que la décortication
« du sarrasin, proposée par M. Saniewski, est
« la manière la plus avantageuse de tirer parti
« de cette céréale; que cette nouvelle indus-
« trie mérite d'être encouragée dans les pays
« qui produisent le sarrasin, et notamment
« en Sologne; que l'exportation de ce gruau
« doit être favorisée par le gouvernement.

« En conséquence, nous avons l'honneur
« de vous proposer d'accorder, suivant la
« faiblesse de vos ressources, un encourage-
« ment de 100 francs au sieur Saniewski,
« qui a déjà reçu la moitié de cette somme
« par avance, et de le recommander à M. le
« préfet du département et à M. le ministre
« du commerce. Nous vous proposons en ou-
« tre d'appeler d'une manière toute spéciale
« l'attention du ministre, du préfet, du Co-
« mice agricole de Romorantin, et de la So-

« ciété royale centrale d'agriculture, sur cet
« important objet.

« **DESRUISSEAUX.**
« **MARIN-DESBROSSES**, D. M. P., *rapporteur.*»

« *Extrait du compte-rendu des travaux de*
'*année.*

« GUÉRIN D'OGONIÈRE,
Secrétaire perpétuel. »

Il est facile de voir par ce rapport quels
bénéfices résulteront du procédé que j'offre
au public, et que je désire voir universellement répandu en France le plus tôt possible.
Au lieu de pain grossier, on se nourrira de
pain sain ; de gruau, qui est analogue au riz,
et de semoule préférable à celle de froment.

Faisons ici quelques observations sur ces
trois produits dont nous conseillons l'usage.

1° Le pain, jusqu'à présent, n'a point été fait
de pur sarrasin. On s'imagine qu'il n'a pas
assez de gluten, et que la farine grossière provenant de ce grain est toujours mélangée avec
d'autres céréales ; cuite seule, on en fait de
la galette et de la bouillie.

J'ai parcouru presque tous les ouvrages qui
parlent du sarrasin et de son emploi. J'en
mettrai quelques extraits sous les yeux de mes
lecteurs.

Dans le *Dictionnaire universel d'agriculture*, de 1740, nous lisons :

« On fait cependant avec le sarrasin de la bouillie et du pain qui est noir et amer, à moins qu'on n'y mêle d'autre blé ; mais il ne charge pas l'estomac, et il est assez flatteur. »

La *Nouvelle maison rustique*, ou économie générale de tous les biens de la campagne, par M......, imprimée en 1762, répète les mêmes mots.

Dans le *Cours complet d'agriculture*, ou dictionnaire universel d'agriculture, par une société de savans, rédigé par l'abbé Rozier et imprimé en 1801, nous trouvons :

« La pâte de farine de sarrasin demande presque autant de travail pour être convertie en pain que celle de l'orge ; un levain jeune et très-abondant, de l'eau chaude et un pétrissage vif, afin qu'elle acquière cette ténacité et ce liant qui forment le soutien de la pâte en fermentation et la voûte du pain qui cuit. On met ensuite cette pâte dans des pannetons qu'on expose au chaud pour favoriser l'apprêt, et qu'on laissera dans le four un peu plus long-temps que celle d'orge, parce qu'elle est moins sèche.

« Voilà les seuls moyens d'après lesquels il est permis de se flatter qu'on pourra préparer avec la farine de sarrasin un pain meilleur qu'il ne l'est ordinairement, sans néanmoins être encore très-bon. On a beau faire, il ne reste pas frais long-temps ; dès le lendemain de sa cuisson, il sèche, se fend, s'émiette et finit par devenir insupportable. »

On voit qu'alors comme aujourd'hui on ne croyait pas qu'on pût obtenir du pain de sarrasin mangeable et qui ne se rassît pas promptement, conservant un bon goût aussi longtemps que le pain d'autres grains, et ne se fendant pas du tout ; et j'ai mangé du pain de sarrasin pur, trois semaines après la cuisson ; il était moins rassis que du pain de froment aussi ancien, n'étant point gâté ni moisi.

J'ai fait pendant deux ans usage d'un pain contenant deux tiers de sarrasin et un de froment ; je n'en souhaite pas de meilleur. Il est aussi bon que le pain bis de froment pur, cuit chez les boulangers.

L'expérience m'a prouvé que le levain n'a pas besoin d'être jeune ; j'en ai employé qui avait huit jours (1).

(1) Le pain qu'on a fait jusqu'à présent avec la farine de sarrasin moulue et mêlée avec son écorce, est malsain et occasionne beaucoup de maladies, surtout aux hommes qui se livrent à des travaux fatigans pendant les chaleurs, ce que prouvent les nombreux malades de la Sologne qui encombrent les hôpitaux de Blois et d'Orléans après la récolte.

2° **La** semoule de sarrasin sous le rapport hygiénique est préférable à celle de froment; elle est plus facile à digérer, ne charge pas l'estomac, et on doit s'en servir pour l'alimentation des enfans jeunes, surtout pour les nourrissons, ceux qui sont affectés d'une gastrite, et les fiévreux.

Ecoutons ce que nous trouvons dans le *Cours d'agriculture*, à l'article *bouillie*.

« **Mais** si la bouillie de froment la mieux préparée est lourde, fatigue les adultes vigoureux, quel mal ne doit-elle pas faire aux enfans, dont les organes sont si faibles et si délicats ! C'est cependant dans la manière de les nourrir dans leur jeunesse qu'il faut chercher la cause des maladies auxquelles ces êtres frêles et délicats succombent si souvent.

« **Nous** invitons les mères qui allaitent à consulter leurs entrailles, et à faire usage de leurs lumières, elles leur diront bien mieux que ne pourrait le faire le meilleur traité, que la bouillie de froment est un mastic qui engorge les premières voies, donne un chyle grossier, fatigue les organes délicats des nourrissons, occasionne des maux d'estomac, des tranchées, des dévoiemens, des vers; qu'il faut y substituer le grain fermenté, délayé dans l'eau, le bouillon ou le lait, sous la forme de panade. Mais si l'on ne veut pas proscrire l'usage de la bouillie pour les enfans, qu'on la fasse au moins avec la farine de *sarrasin*, d'orge, de blé de Turquie, de riz, d'amidon, et généralement avec tous les farineux dont on ne pourra obtenir que de très-mauvais pain. »

Ainsi la bouillie de froment est nuisible à la santé, et celle de sarrasin doit lui être préférée. Qu'est-ce que la semoule de froment ? C'est de la farine convertie artificiellement en grain ; mais lorsqu'elle est délayée dans l'eau et cuite, quelle différence trouvons-nous entre la bouillie de farine de froment et la semoule de même grain ? Il n'y en a aucune ; elle est la même sous une autre forme ; c'est une nourriture identique, aussi malsaine et aussi nuisible aux enfans.

La semoule de sarrasin est-elle semblable ? Nous voyons que la bouillie faite avec la farine de ce grain est préférable à la semoule de froment ; mais la semoule de sarrasin a un avantage réel sur la bouillie même de sarrasin.

Pourquoi la bouillie est-elle nuisible à la santé ? C'est l'abondance de gluten qui n'a pas fermenté ; mais la farine de sarrasin fabriquée par mes procédés en possède davantage que la farine ordinaire ?

La graine de sarrasin est composée de trois substances, la substance glutineuse, sucrée et résineuse. Dans la farine que j'obtiens la matière glutineuse est celle qui domine, et la semoule n'en conserve presque rien, étant composée en plus grande partie de matières résineuse et sucrée. C'est ce qui la rend facile à digérer et préférable à la bouillie de sarrasin et encore plus à la semoule de froment.

3° Le gruau de sarrasin est moins glutineux que la farine; il l'est plus que la semoule et possède les mêmes matières résineuse et sucrée que la dernière. Il est nourrissant, donne de la force et de la santé, et l'usage démontrera son utilité.

J'ai cinq enfans; deux fois par jour ils mangent de ce gruau; ils mangent peu de pain, puisque trois livres suffisent pour une famille composée de sept personnes. Les enfans sont robustes, de bonne mine, plusieurs personnes m'ont demandé en les voyant avec quoi je les nourrissais.

Je me suis aperçu aussi que les personnes qui se nourrissaient de gruau de sarrasin étaient peu sujettes aux vers. Les enfans, après avoir été sevrés et nourris de gruau, rendent des vers tout vivans, et, une fois purgés, n'y sont plus exposés.

Tels sont les avantages que retirent les personnes qui se nourrissent de sarrasin; mais nous pouvons en retirer encore d'autres dans le commerce. Avant d'en parler, jetons un coup-d'œil sur le rapport du comice agricole de Romorantin concernant la panification du sarrasin.

EXTRAIT DU RAPPORT DU COMICE AGRICOLE DE ROMORANTIN.

Séance du 20 janvier 1838.

« M. de Beauchêne, président du co-
« mice, ayant été sollicité de donner des
» renseignemens sur la panification de la fa-
« rine de sarrasin, qualité mise en avant par
« M. Saniewski comme un des principaux
« avantages de son procédé, et désirant ne
« les donner qu'après un examen sérieux, a
« adjoint à la commission M. Rousseau, dont
« l'expérience est connue en cette matière,
« et s'est transporté lui-même au lieu de
« la fabrication de M. Saniewski, accompa-
« gné de MM. Rousseau et Baillio. Là il a
« été procédé en leur présence à la fabri-

« cation de treize livres de farine de sarra-
« sin, qui ont été enlevées de suite et trans-
« portées chez M. Lacroix, boulanger en ré-
« putation à Romorantin, pour y procéder
« à la confection de ce pain d'épreuve.

Séance du 21 janvier 1838.

« Etaient présens : MM. de Beauchêne,
« président; Rousseau et Baillio, membres,
« et M. Saniewski, et là, dans la boulan-
« gerie de M. Lacroix, il a été procédé à la
« fabrication du pain d'épreuve par M. La-
« croix, dans la proportion indiquée au
« tableau ci-après :

NOMBRE de COMPOSITION.	FARINE DE			TOTAL DES FARINES de chaque espèce par composition.
	SARRASIN.	FROMENT.	SEIGLE.	
	livres.	livres.	livres.	livres.
1re	3	3	»	6
2e	4	2	»	6
3e	2	»	2	4
4e	4	»	2	6
Totaux...	13	5	4	22

RÉSULTAT OBTENU EN PAIN.

INDICATION DES QUALITÉS.	POIDS DU PAIN à la sortie du four.		POIDS DU PAIN 24 h. après la sortie.	
	livres.	onces.	livres.	onces.
1re qualité.	6	12	6	1
2e	7	2	6	2
3e	5	10	4	9
4e	7	14	7	»

« Cette opération a donné lieu aux obser-
« vations suivantes :

« Le temps était froid, et il était difficile
« d'obtenir une bonne panification. Le pain
« sous le numéro 1er a levé incomplètement
« et a donné un produit inférieur en qua-
« lité à celui que l'on devait espérer com-
« parativement au pain du même mélange,
« qui avait été présenté par M. Saniewski.

« Il en résulte que la commission ne se
« croit pas assez suffisamment éclairée pour
« assurer, en connaissance de cause, que la
« farine de sarrasin peut entrer dans la
« deuxième qualité de farine de froment, sans
« en altérer le goût, la couleur, et sans nuire
« à l'obtention d'une bonne panification.

« Le pain obtenu sous le numéro 2 donne
« lieu aux mêmes observations que celles ci-
« dessus.

« Le pain obtenu sous les numéros 3 et 4
« est plus satisfaisant; les grains de sable
« que l'on a trouvés dans ces deux qualités
« proviennent exclusivement de la farine de
« seigle. La farine de sarrasin de M. Saniewski
« ne laisse pas apercevoir ces grains durs et
« non panifiés, que l'on trouve dans le pain
« fait avec la farine du même grain obtenue
« par le procédé de mouture actuellement
« en usage; il a été facile de s'en assurer par
« les pains numéros 1 et 2. »

Nous voyons que la commission n'a pu
donner des renseignemens tout-à-fait com-
plets, puisque le pain a été cuit dans une
saison froide et rigoureuse. Qu'on se rappelle
le mois de janvier 1838. La température de
la boulangerie elle-même était froide et
empêchait la fermentation nécessaire. Le boulanger, qui faisait de ce pain pour la première fois, avait besoin d'expérience, il igno-
rait que la farine de sarrasin absorbe plus
d'eau que celle de froment; la pâte avait
besoin de plus d'apprêt et le four devait être
moins chauffé que pour le pain de froment. Les
résultats n'ont donc pas été ceux auxquels

on devait s'attendre. Aussi ai-je trouvé que le pain cuit devant cette commission était inférieur à celui fabriqué chez moi pendant trois ans.

Je dirai ici que les classes pauvres peuvent en retirer encore d'autres avantages, car la farine de sarrasin s'emploie avec succès chez les enfans échauffés et remplace la poudre de Licopode généralement employée. Voici maintenant ceux auxquels le commerce pourrait s'attendre.

Les Hollandais exportent en grand, aux Indes orientales et à la Chine, la semoule et le gruau de sarrasin.

Lord Mac-Carthy, dans la description de son dernier voyage en Chine, nous apprend que le mets le plus exquis qu'on lui servit dans ce pays fut du riz d'Europe; c'était de la semoule de sarrasin. Les Hollandais la tirent de la Pologne, on la fabrique chez eux à grands frais. Pourquoi la France ne leur ferait-elle point concurrence, elle qui peut avoir du sarrasin à si bas prix ? Le sarrasin en Pologne est du même prix que le seigle et quelquefois plus élevé que le froment à cause de l'exportation.

La semoule confectionnée dans les départemens où l'on récolte le sarrasin remplacera la semoule de froment fabriquée dans les autres départemens, et procurera de nouveaux bénéfices au commerce de l'intérieur.

Le gruau appliqué à la nourriture des équipages ne lui sera pas moins utile, comme je le démontrerai. Aujourd'hui la principale nourriture du marin est le biscuit, mais on ne peut, à cause de sa qualité, en approvisionner un vaisseau pour deux ans, surtout quand il est destiné à la pêche de la baleine.

La Société commerciale de Londres a proposé un prix considérable à l'inventeur d'une substance capable de se conserver sur mer pendant deux ans, afin de permettre aux navires de pouvoir rester pendant ce laps de temps sans être forcés par le manque de vivres de revenir en Angleterre, la pêche étant plus abondante à la fonte des neiges, comme l'a fait observer le capitaine Ross, dans ses voyages aux mers polaires.

Les Français qui s'approvisionneraient de gruau de sarrasin pourraient, je pense, obtenir d'heureux résultats, et l'expérience le démontrerait. Mais on me demandera quelles sont les raisons qui m'engagent à affirmer que le gruau de sarrasin pourrait se conserver sur mer pendant deux ans. Je réponds : En 1835, il partit d'Orléans pour Paris une certaine quantité de gruau, il resta (inutile d'entrer dans de nouvelles longueurs pour en expliquer les causes), il resta, dis-je, jusqu'au mois d'avril 1838 dans l'une des remises de MM. Badin, Bricard et compagnie, à Paris, rue des Fontaines-du-Temple, 7, exposé à l'humidité. A cette époque je le retrouvai dans le même état, il n'était ni gâté ni détérioré. J'en vendis 100 livres à M. Groult, rue Sainte-Apolline, 16 ; j'en déposai 10 livres dans un sac que j'exposai de nouveau à l'humidité pendant un an; il resta intact; l'ayant employé, j'en régalai mes amis qui ne lui trouvèrent aucun goût désagréable. J'ai déposé un échantillon de ce même gruau au jury central de l'exposition de l'industrie nationale de 1839.

Après des épreuves réitérées, je me suis convaincu que le gruau de sarrasin pouvait se conserver pendant deux ans et quatre mois dans une remise et une année dans un endroit humide, ce qui fait en tout trois ans et demi. De quel autre grain pourrait-on obtenir de semblables résultats ? D'où je conclus que le gruau se conserverait facilement sur mer pendant deux ans.

On m'objectera que du gruau n'est pas

du pain. Je répondrai que cuit il est semblable au pain, dont on peut se passer, et que
peu de temps suffit pour le bien cuire. Sur
un vaisseau il n'occasionnerait point d'em-
barras, car pour détremper le biscuit il faut
qu'il soit mis pendant vingt minutes au moins
dans l'eau bouillante. Le gruau n'en demande pas davantage sur le feu et n'absorbe
pas plus d'eau.

Que l'on essaie, et l'on sera convaincu.
La farine de sarrasin peut être employée
avec succès à la confection des biscuits de
mer, qui dureront plus long-temps que ceux
de froment. Je dirai en passant qu'on en
fabrique aussi d'excellent pain d'épices.

Le sarrasin employé à cet usage doit être
pur, sec et sans mauvaise odeur. En France
ce grain est très-susceptible de s'échauffer ;
j'en ai recherché les causes en comparant
les moyens employés dans ce pays et en
Pologne pour sa conservation.

En Pologne, lorsque le sarrasin est coupé,
on le laisse quelques jours, selon le temps,
on le lie ensuite, puis on le laisse encore
s'il fait beau, après on le serre dans les
granges où on le laisse pendant plusieurs
semaines avant de le battre. Les granges sont
construites de manière à permettre la libre

circulation de l'air, et le sarrasin peut, sans s'échauffer, rester dans cet état jusqu'aux mois de mars et d'avril. La paille quoiqu'é-chauffée ne lui communique pas de mauvaise odeur. S'il est battu plus tôt, on le dépose au grenier, dans un endroit sec, et on le remue souvent. Je me suis aperçu d'un autre inconvénient en France, c'est que le sarrasin y est rempli de sable, qui, ne pouvant passer par le crible, fait qu'il croque sous les dents. Pour obvier à cet inconvé-nient il faudrait éviter de le battre dans les champs. Quant à la paille, on n'en fait aucun usage en France, cependant, mêlée à un tiers de paille d'orge et à un autre tiers de paille d'avoine elle donne une excellente nourriture aux moutons, pour peu qu'on leur donne à boire de l'eau un peu salée ou du sel à lécher.

Je ne discuterai point les avantages que retirerait le commerce en exportant ces pro-duits en Angleterre, en Russie et même en Afrique, où il peut devenir une branche lu-crative avec les Arabes.

Enfin, dans l'intérieur du pays, si l'on em-ployait la semoule et le gruau dans les hôpi-taux, ces alimens ne seraient-ils pas plus sains et bien préférables aux haricots que l'on donne aux convalescens. Ne pourrait-on pas encore les introduire dans les prisons ?

Après avoir démontré l'utilité du sarrasin, jetons un coup-d'œil sur le tableau suivant, on y verra combien on en consomme en France et combien d'individus s'en nourrissent.

Ce tableau est dressé sur les notes fournies par les archives statistiques du ministère des travaux publics, de l'agriculture et du commerce; j'ai pris pour base l'année 1835.

(Voir le tableau à la page suivante.)

TABLEAU

Démontrant la production et la consommation du sarrasin, ainsi que la population qui s'en nourrit en France.

RÉGIONS.	DÉPARTEMENS.	POPULATION du département.	RELEVÉ du produit du sarrasin.	RELEVÉ de la consommation du sarrasin. pour les hommes	POPULATION qui se nourrit de sarrasin.
			HECTOLITRES.	HECTOLITRES.	
1re. Nord-Ouest.	Finistère.	524,396	343,300	629,275	160,000
	Côtes-du-Nord.	600,000	394,974	480,000	200,000
	Morbihan.	433,522	138,600	320,000	210,000
	Ille-et-Vilaine.	547,052	368,000	776,814	400,000
	Manche.	591,284	354,822	489,990	140,000
	Calvados.	494,702	144,067	73,486	20,000
	Orne.	441,881	236,250	126,865	42,000
	Mayenne.	352,586	291,900	381,475	130,000
	Sarthe.	457,372	151,086	114,343	45,000
	TOTAUX	4,442,795	2,322,999	3,302,248	1,357,000

2e.	Nord.	989,938	6,696	»	»
	Pas-de-Calais.	655,215	198	»	»
	Somme.	543,704	1,800	»	»
	Seine-Inférieure.	693,083	»	»	»
	Oise.	397,725	»	»	»
Nord.	Aisne.	513,000	30,000	»	»
	Eure.	424,248	»	»	»
	Eure-et-Loir.	278,820	»	»	»
	Seine-et-Oise.	448,180	7,470	100	»
	Seine.	35,108	300	»	»
	Seine-et-Marne.	23,893	2,904	»	»
	TOTAUX	6,203,514	49,363	100	»
3e.	Ardennes.	290,622	6,880	»	»
	Marne.	337,336	80,000	»	»
	Aube.	246,361	29,431	259	»
	Haute-Marne.	252,701	2,700	»	»
Nord-Est.	Moselle.	417,000	»	»	»
	Meurthe.	415,568	288	»	»
	Vosges.	398,294	53,120	39,830	12,000
	Bas-Rhin.	540,830	298	»	»
	Haut-Rhin.	424,200	8,664	»	»
	Meuse.	314,588	»	»	»
	TOTAUX	3,637,500	181,381	40,089	12,000

4e.	Loire-Inférieure.	470,093	302,530	222,662	60,000
	Maine-et-Loire.	467,871	31,500	»	»
	Indre-et-Loire.	277,006	2,345	1,000	500
	Vendée.	330,350	6,750	16,500	20,000
Ouest.	Charente-Inférieure.	445,249	»	»	»
	Deux-Sèvres.	294,850	14,145	5,300	2,000
	Charente.	362,531	16,000	7,100	3,500
	Vienne.	282,731	682	»	»
	Haute-Vienne.	285,097	180,000	119,740	40,000
	TOTAUX	**3,235,778**	**553,952**	**372,302**	**126,000**

5e.	Loir-et-Cher.	235,750	122,000	11,276	5,000
	Loiret.	305,276	16,310	6,106	3,000
	Yonne.	352,525	3,150	1,200	500
	Indre.	245,289	6,000	4,700	2,000
	Cher.	256,059	15,981	11,417	5,000
Centre.	Nièvre.	382,521	17,100	8,475	4,000
	Creuse.	265,384	442,500	132,692	50,000
	Allier.	298,257	16,800	1,500	500
	Puy-de-Dôme.	573,106	41,529	22,924	10,000
	TOTAUX	**2,814,167**	**681,370**	**200,290**	**85,000**

6e Est.	Côte-d'Or.	375,043	13,142	3,690	1,800
	Haute-Saône.	344,365	23,048	6,887	3,000
	Doubs.	265,535	»	»	»
	Jura.	312,504	43,778	3,125	1,200
	Saône-et-Loire.	524,180	141,000	104,836	50,000
	Loire.	391,216	5,000	»	»
	Rhône.	416,575	29,400	20,000	8,000
	Ain.	346,030	237,600	103,809	60,000
	Isère.	550,258	201,600	98,000	40,000
	TOTAUX	3,525,706	694,568	340,347	164,000
7e. Sud-ouest.	Gironde.	554,225	2,790	»	»
	Dordogne.	482,000	19,800	»	»
	Lot-et-Garonne.	346,885	»	»	»
	Landes.	281,504	»	»	»
	Gers.	312,160	»	»	»
	Basses-Pyrénées.	428,401	»	»	»
	Hautes-Pyrénées.	233,031	»	6,990	3,000
	Haute-Garonne.	427,856	32,400	25,000	12,000
	Ariége.	253,730	44,928	63,433	36,000
	TOTAUX	3,319,792	79,688	95,423	51,000

8e.	Corrèze.	294,834	200,925	159,600	90,000
	Cantal.	262,013	122,400	151,967	80,000
	Lot.	284,505	84,000	85,351	40,000
	Aveyron.	359,056	12,950	10,517	40,000
	Lozère.	140,347	9,000	4,210	14,000
	Tarn-et-Garonne.	242,250	»	»	»
Sud.	Tarn.	335,844	3,420	3,173	1,200
	Hérault.	346,207	600	»	»
	Aude.	270,125	14,000	6,000	27,000
	Pyrénées-Orientales.	157,052	9,000	»	»
	TOTAUX	2,692,233	456,295	420,525	302,200
9e.	Haute-Loire.	292,078	600	»	»
	Ardèche.	340,734	14,532	»	»
	Drôme.	299,556	17,321	8,987	4,000
	Gard.	357,383	16,648	9,968	4,000
	Vaucluse.	230,113	7,296	20,911	9,000
Sud-est.	Basses-Alpes.	155,896	»	»	»
	Hautes-Alpes.	129,102	»	»	»
	Bouches-du-Rhône.	358,665	»	»	»
	Var.	321,686	»	»	»
	TOTAUX	2,494,213	56,397	39,866	17,000
10e.	Corse.	197,967	»	»	»

RÉCAPITULATION.

RÉGIONS.	POPULATION.	RELEVÉ du produit du sarrasin.	RELEVÉ de la consommation du sarrasin pour les hommes.	POPULATION qui se nourrit de sarrasin.	SARRASIN employé pour les animaux et la volaille.
		HECTOLITRES.	HECTOLITRES.		HECTOLITRES.
1. Nord-ouest.	4,442,795	2,322,999	3,392,248	1,257,000	295,210
2. Nord.	6,203,514	49,365	100	»	45,391
3. Nord-est.	3,637,500	181,381	40,000	12,000	98,386
4. Ouest.	3,235,778	553,952	372,302	126,000	109,373
5. Centre.	2,814,167	681,370	200,290	85,000	125,051
6. Est.	3,525,706	694,568	340,347	164,000	176,442
7. Sud-ouest.	3,319,792	179,606	95,423	51,000	39,415
8. Sud.	2,692,233	456,295	420,818	302,200	94,134
9. Sud-est.	2,494,213	56,397	39,866	17,000	35,367
10. Corse.	197,967	»	»	»	»
TOTAUX	32,563,665	5,175,933	4,901,486	2,112,200	1,018,769

On voit par ce tableau que, dans les départemens où l'on se nourrit de sarrasin, le cinquième de la population vit de ce grain, et comparativement à toute la France la dix-huitième partie des habitans se nourrit de pain malsain, qui ne lui procure pas les forces suffisantes à un travail dur. Ce ne sont ni le riche, ni le bourgeois aisé, ni même l'ouvrier qui habite les villes, qui consomme cette grande quantité de sarrasin, c'est le paysan, l'habitant le plus pauvre de la France et qui manque de ressources, c'est lui qui procure aux autres ce dont il manque le premier. C'est donc à cette classe que je présente les moyens d'améliorer son sort. J'ose espérer que le gouvernement français me viendra en aide afin que je puisse atteindre mon but et répandre les bienfaits indiqués, ainsi que les moyens utiles qui permettent de tirer avantage du grain qui jusqu'à présent est universellement reconnu en France comme destiné à la nourriture la plus misérable. Enfin ce grain si chétif à présent dans sa récolte répond au douzième de la récolte de froment dans toute la France, céréale dans laquelle sa nombreuse population trouve sa principale ressource.

Abordons maintenant la plus importante question, parlons des instrumens nécessaires à la manipulation et à la confection de mes produits.

C'est à l'aide d'un petit moulin, dont je joins ci-après le dessin, et de ses accessoires, qui se composent d'un bluteau, d'un van, de cribles et de tamis, qu'on obtient la semoule, le gruau, la farine propre à la panification, le son et la farine bise susceptibles d'engraisser les porcs. L'écorce même à laquelle sont adhérentes quelques parties nutritives peut être donnée aux volailles et aux lapins.

Nous voyons dans le rapport de la Société royale d'agriculture de Loir-et-Cher, page 35, que 4 boisseaux de sarrasin, pesant 60 livres, après avoir été épurés donnaient :

A Gros gruau............... 16 livres.
B Petit gruau ou semoule..   6
C Farine propre à la panifi-
    cation...............   6
D Recoupe ou son mêlé avec
    de la farine de seconde
    qualité............... 13

Total........ 41 livres.

On obtient donc 41 livres sur 60, ou les deux tiers.

Nous avons parlé des substances propres à la nourriture de l'homme; quelques mots maintenant sur l'emploi d'autres matières convenables aux animaux et à la volaille.

Le son contient beaucoup de parties nutritives et même plus de gluten que le son de froment; il est excellent pour la nourriture des chevaux. Il faut le mouiller seulement avec de l'eau, et si l'on veut exciter l'appétit on le sale un peu. Il est préférable à la graine non moulue, comme on en fait ordinairement usage; dépourvue de l'écorce, il n'échauffe pas autant l'animal, et prévient de tristes accidens. Les chevaux échauffés et nourris de sarrasin éprouvent des tranchées qui deviennent presque toujours mortelles.

Les vaches nourries pendant l'hiver avec du son de sarrasin donnent du lait en abondance et d'une excellente qualité. On engraisse facilement les porcs avec ce son mêlé de farine bise, leur chair devient ferme et tendre, et le lard acquiert un goût délicat, n'étant pas mou comme celui des porcs engraissés avec des pommes-de-terre mélangées avec de la farine d'orge. On soutient que la volaille de la Sologne, nourrie pendant long-temps de sarrasin, a la chair tendre, blanche et sèche, mais d'une qualité inférieure; je ne le nierai pas, mais je suis convaincu que lorsqu'elle est nourrie de son de sarrasin, sa chair n'est point sèche; je préfère, pour cette raison, le son de sarrasin pour la volaille.

Nous avons vu que les deux tiers du sarrasin sont nutritifs; mais les expériences ayant été faites en petit, on obtiendrait, je pense, de plus beaux résultats si l'on opérait sur une grande échelle; je dirai, en passant, aux personnes qui voudraient faire des essais, de ne point avoir recours aux moulins dont les meules tendres ne peuvent remplir le but proposé. Il faut qu'elles soient dures et rayonnées pour éviter cet inconvénient.

Il ne faut pas croire à la sévérité des calculs de la Société royale d'agriculture de Loir-et-Cher; la qualité du sarrasin augmente le produit d'un dixième ou le diminue.

Le résultat des produits dépendra donc du fabricant; ainsi on peut obtenir la semoule et la farine ou seulement le gros gruau et la farine. Dans l'un ou l'autre cas, on obtient davantage de semoule et de farine et moins de gruau, et réciproquement. Le besoin indiquera au fabricant les produits dont il a besoin.

Il faut également considérer dans le même rapport de la Société de Loir-et-Cher que le grain provenant de la fabrication est de 78 centimes par boisseau ; mais la main-d'œuvre absorbe la plus grande partie du bénéfice, car sur un petit moulin il faut passer le sarrasin trois fois ; on ne peut guère en moudre plus de six boisseaux par jour, tandis que sur un grand moulin on peut en moudre quatre cents dans le même laps de temps.

Maintenant, je désire fixer l'attention du lecteur sur le dessin représentant le moulin dont je me sers pour la fabrication, et dont la description suit.

Le moulin présente une élévation totale de 1 mètre 45 centimètres. La base est un madrier carré de 0,60 c. de chaque côté, et de 0,10 c. d'épaisseur, supporté par trois pieds de 0,45 c. de hauteur, consolidés entre eux par des traverses qui les assurent. Sur le plateau ou base, la première meule, épaisse de 0,10 c., que les meuniers appellent lit, y repose horizontalement et y est incrustée à la profondeur de 0,05 c. La deuxième meule, de la même épaisseur, repose sur la première, soutenue par une ferrure semblable à celle des moulins ordinaires. Les deux meules ont 0,42 c. de diamètre. Le trou pratiqué sur la deuxième meule pour l'introduction du grain a 0,10 c. de diamètre. Le madrier est entouré de quatre planches, qui forment le bord et que les meuniers appellent la chasse ; cette chasse dépasse de la hauteur de 0,05 c. le point de jonction des deux meules ; les planches ont 0,04 c. d'épaisseur, ce qui donne pour la largeur totale du moulin 0,70 c. Il existe un trou à ladite chasse, au milieu d'une des planches, pratiqué au niveau du plateau pour donner écoulement à la farine, qui est appelée tranche ; enfin, adaptés aux parois des deux côtés du rebord, parrallèles entre eux et formant angle droit avec le côté où se trouve la hanche, s'élèvent deux montans de 0,90 c. de hauteur, liés à leurs extrémités par une traverse de 0,04 c. de longueur, qui est percée au milieu ; par ce trou on passe un bâton d'un mètre de longueur, ferré en pointe par le bout inférieur, partant obliquement de ce trou pour s'adapter ensuite à l'un des bords de la meule, au moyen d'une mortaise qui est pratiquée dans la pierre même, le bâton servant de levier de gauche à droite pour la personne qui fait mouvoir le moulin.

Il est simple, et tout habitant de la campagne peut le confectionner lui-même, s'il a la meule.

Un enfant de dix à douze ans peut le faire marcher, inutile donc d'avoir recours à un meunier, dont la demeure est souvent éloignée; on peut y employer des heures perdues.

La Société dont j'ai parlé ci-dessus se trompait en indiquant le prix du moulin avec tous ses accessoires; elle donnait pour chiffre 50 ou 60 francs, tandis que les meules, prises sur les lieux mêmes, reviennnent à 80 francs et si nous ajoutons les frais de transport, le bois, l'axe de fer et les accessoires, le moulin ne peut guère coûter moins de 110 et 120 francs; il est vrai qu'il durera un siècle.

C'est d'un pareil moulin que je me sers, et la Société royale d'encouragement de l'industrie nationale, proposant un prix de 600 francs pour l'invention d'un moulin à bas prix, susceptible de convertir le sarrasin en gruau, a sans doute eu connaissance d'un moulin dont se servent les Hollandais et dont j'ai trouvé la description dans le cours d'agriculture rédigé par M. Rosier. L'auteur nous en donne la description suivante.

« Ce moulin est très-commun dans la Flandre

autrichienne et dans la Hollande ; c'est à
Anvers que je l'ai vu pour la première fois.
Un seul homme le met en train et sans
beaucoup de peine. Il serait à désirer qu'on
l'introduisît dans nos provinces où l'on cul-
tive beaucoup de sarrasin. Il est peu coû-
teux, moud parfaitement bien et donne
une excellente farine. En voici la description :

Planche 4ᵉ.

Figure 1ʳᵉ. *Élévation.* *a* la trémie, *b* le baquet sous la trémie, *c* la meule, *d* le tamis,
e le balancier, *f* le fléau, *g* l'appui de l'axe,
h l'axe, *i* le levier, *k* poids et cordes.

Figure 2. *Équipage.* *a* la meule agissante,
b le baquet ou trémie.

Figure 3. *Moulin vu du profil.* *a* la trémie,
b le baquet, *c* le dégorgeoir, *d* la meule, *e*
le balancier, *f* la manivelle, *g* rouet à l'axe
de fer, *h* rouet du balancier, *i* pièce d'appui.

Figure 4. *Le Mouvement.* *a* rouet attaché
à l'axe de fer, *b* rouet du balancier, *c* l'axe
de fer, *d* poulie qui donne le mouvement
au tamis, *e* balancier, *f* manivelle.

Figure 5. *a* le balancier, *b* poulie attachée
à la base du balancier, *c* corde, *d* poulie

attachée à l'axe coudé, *e* axe coudé des tamis pour leur donner le mouvement.

Il importerait beaucoup que de riches pro-
priétaires fissent venir ce moulin de Hollande
ou de Flandre; il est connu dans ces provinces sous le nom de moulin à bouquet; il
serait facile, avec un modèle, de multiplier
ces machines. On parviendrait à la longue à
les rendre communs en France, de sorte que
chaque particulier aurait son moulin chez
lui. C'est un sujet plus important qu'on ne
pense, parce que nos moulins à farine sont
peu propres à la préparation du blé noir.

Les meules sont faites de lave; on les
tire d'Andernach (1).

Le dessin joint à l'ouvrage représente ce
moulin en détail et tout monté; on peut le
consulter.

Quoique l'auteur de cet article évalue les
frais de la construction de ce moulin de
48 à 72 francs, je pense qu'il s'est trompé.
En évaluant scrupuleusement les frais de
sa construction, je me suis convaincu qu'elle
doit coûter plus de 300 francs, prix exor-

(1) Andernach, ville des états prussiens, dans la province du Bas-
Rhin, à 4 lieues nord-ouest de Coblentz, fabrique de poterie, faïence,
quincaillerie et cuivre, commerce de tuf volcanique exporté pour
la Hollande. (*Dictionnaire universel de géographie moderne par
MM. Perrin et Aragon, de l'Athénée des arts de 1834.)*

bitant, qui a engagé la Société royale d'encouragement de l'industrie nationale à proposer son prix.

En Hollande, on se sert pour moudre le sarrasin de meules faites de lave ; je les remplace par des pierres qui se trouvent en France et qui sont d'une excellente qualité.

On s'aperçoit facilement de la différence des prix entre le moulin hollandais et celui confectionné par moi ; tous les deux rendent le même service, et les personnes qui désireront fabriquer les produits du sarrasin feront leur choix ; je dois seulement ajouter que les tamis hollandais sont inférieurs à mes bluteaux, et que la farine est inférieure à la mienne.

Il me reste encore à indiquer la préparation des divers alimens composés avec le sarrasin.

LA SEMOULE.

1° *Au lait, à l'eau, au bouillon gras.*

Dans le potage bouillant on met la semoule en proportion, on la remue plusieurs fois avec une cuiller et on la laisse bouillir pendant une demi-heure à petit feu ; deux onces suffisent pour un litre, l'eau doit être salée au préalable; pour manger ce potage, on y ajoute du beurre frais.

2° Si l'on met quatre onces de semoule dans un litre d'eau, on obtiendra une masse épaisse qui, déposée doucement sur un plat et refroidie, deviendra ferme; on la coupe par tranches, et mise dans la soupière on y verse du bouillon gras et on le sert, alors *la semoule remplace le pain.*

3° Cette semoule épaisse, frite dans une poële, dans du beurre, est un *entremets agréable.*

4° Quatre onces de semoule cuite au lait et refroidie, quelques jaunes d'œufs, un peu de sucre et des raisins de Corinthe, composent un gâteau excellent; on le fait cuire dans une casserole, il ressemble tout-à-fait à un gâteau au riz.

5° La même semoule, délayée dans de l'eau avec un peu de beurre, de sel et de persil haché, fait un plat pour le dessert.

6° La semoule épaisse à l'eau chaude, à laquelle on ajoute du beurre frit, fait un plat qui, mangé avec la sauce d'un ragoût, remplace le pain.

GRUAU.

7° Le gruau se cuit de la manière que nous

avons indiquée sous les n°s 1, 2, 3 et 6, en parlant de la semoule, avec cette différence qu'on met double poids de gruau, c'est-à-dire quatre onces au lieu de deux, etc.

8° Le ragoût de mouton étant cuit dans une sauce bien claire et assaisonnée, on y met du gruau en proportion, on remue bien et souvent, sur un feu léger, et on obtient un excellent ragoût à la *Calife de Bagdad*.

9° Pour faire un *gâteau*, le gruau, cuit à l'eau salée et délayé avec du beurre, se met dans une casserole ou au four du boulanger.

10° Dans un pot neuf, on met une demi-livre de gruau avec un litre d'eau, on le sale, on le remue à froid, on le couvre et on l'envoie chez le boulanger; cuit, on le délaie avec du beurre et on obtient un *entremets à l'empereur de Russie*; il est meilleur si, avant la cuisson, on met du beurre dans le pot.

Le gruau du sarrasin sert aussi à la confection de boudins d'un goût excellent; on les compose de la manière suivante :

Sur une demi-livre de gruau, on verse de l'eau bouillante en petite quantité; on hache deux livres de foie de veau, de mouton ou de porc, qu'on mêle avec le gruau; on délaie le tout avec une livre de graisse fondue, puis on assaisonne avec du sel, du poivre et du piment en proportion suffisante ; quand ce mélange est amené à une consistance telle qu'il ne soit ni trop clair ni trop épais, on en bourre des boyaux de bœuf ou de porc, on fait cuire pendant une demi-heure dans de l'eau bouillante, et on a d'excellent boudin.

On peut encore ajouter à ce mélange du sang ou de la viande, selon le goût et les moyens.

On fait aussi avec la semoule de sarrasin du boudin très-délicat, dont voici la recette :

Prenez une livre de semoule échaudée.

Deux livres de foie.

Une livre de graisse.

Quatre onces de raisins de Corinthe.

Deux onces de sucre pilé.

Assaisonnez avec du sel, du poivre et du piment en proportion suffisante, mêlez et bourrez-en des boyaux de porc les plus gras possibles, et vous aurez un mets très-délicat, et qui est *très-recherché* en Pologne et en Allemagne.

LA FARINE.

11° Le *pain*. Il faut observer que la farine de sarrasin absorbe davantage d'eau ; que le pétrissage doit être bien vif et l'apprêt plus long ; mais il ne faut pas employer d'eau chaude pour la panification, on se sert d'eau tiède à une température modérée, l'eau trop chaude empêcherait l'apprêt. Le four doit être moins chauffé que pour les autres pains, et le pain doit y rester plus long-temps; on doit le saler pour qu'il n'ait pas le goût fade.

On doit prendre les mêmes précautions si l'on fait du pain de sarrasin pur ou mélangé avec du froment ou du seigle.

12° *La galette et les crêpes*. On connaît partout leur fabrication.

13° *Les petites pâtes* (kluski). On délaie la farine de sarrasin avec de l'eau tiède salée en proportions convenables pour que la masse ne soit pas trop épaisse, mais coulante; on la travaille bien et l'on met dans l'eau bouillante des petits morceaux de cette pâte enlevés avec une cuiller; on s'abstient de les remuer jusqu'à ce qu'ils soient cuits et visibles à la surface de l'eau.

Alors on les retire de l'eau et on les met dans un autre plat, on les passe dans l'eau froide et l'on y met du beurre frit; ainsi réchauffées, elles sont un entremets agréable qui remplace le pain.

14° Quand on a ôté de l'eau bouillante les petites pâtes et qu'on les a passées dans l'eau froide (*voyez* n° 13), on coupe le bouillon avec de l'eau et on l'assaisonne avec du beurre. Ainsi réchauffé, on le verse sur les pâtes, ce qui fait *une soupe nourrissante, surtout pour les habitans de la campagne; elle remplace la soupe au pain* (1).

En Pologne, en Russie et en Angleterre, on remplace le beurre par du lard fondu. Le sarrasin préparé au lard est préférable selon moi.

Si l'emploi du sarrasin devient général, la récolte que l'on en fait annuellement en France serait suffisante.

En effet, nous voyons dans la récapitulation du tableau, page 61, qu'on emploie

(1) La farine de sarrasin peut être encore employée dans la composition d'une boisson à laquelle nous donnerons le nom d'*aigreton*, qu'on appelle en russe : Kislisry (prononcez Kislichy). Cette boisson, d'un goût agréable, ayant quelque analogie avec le cidre de Bretagne, je crois qu'elle lui est supérieure en ce qu'elle n'occasionne pas de tranchées ni de coliques, que le cidre vous cause quelquefois si l'on est échauffé. Cette boisson peut remplacer le cidre et le vin, elle est moins coûteuse et l'on peut s'en procurer au besoin ; cette liqueur se fabrique de la manière suivante :

10 livres de farine de seigle.

3   id. de drèche réduite en farine.

3   id. de farine de sarrasin.

On verse dans le tonneau 100 livres ou 50 litres d'eau de rivière bouillante, on y ajoute une 1/2 livre de levain de bière ou 2 livres de levain de pain.

Le lendemain on remue le tout et on y ajoute encore 100 livres ou 50 litres d'eau, quand la fermentation est finie.

Mis frais en bouteilles il aura le goût du vin d'Anjou et moussera comme le champagne ; on aura soin de fixer fortement le bouchon avec un fil-de-fer afin qu'il ne saute pas.

1,018,769 hectolitres de sarrasin pour la nourriture des animaux. L'homme s'en servira et l'on donnera aux animaux le son et la farine bise, et de la récolte totale du sarrasin, qui est de 5,920,255 hectolitres, on obtiendrait 740,022 hectolitres de son et de farine bise, substances plus nourrissantes que le sarrasin avec son écorce, qu'elles remplaceraient dans la valeur nominale.

En faisant un calcul approximatif, on pourrait, par suite de la fabrication des produits de sarrasin, obtenir par an :

En gros gruau........ 47,362,190 kilo.
En semoule.......... 17,761,015
En farine propre à la panification 17,761,015

Supposons un kilogramme de farine par jour, pour un homme, nous aurons de quoi nourrir par an........... 48,600 hom.

1/8 de kilo de semoule par jour.................... 389,780

1/4 de kilo de gruau par jour.................... 518,000

____

Totaux pour la nourriture d'une année,............. 956,440 hom.

Report................ 956,440

Si l'on voulait les nourrir de sarrasin pur, sans autre nourriture; prenant pour base qu'en France un homme consomme par an deux hectolitres de sarrasin pur (voyez le tableau, page 61) qui ne donne que 80 kilos de farine mélangée avec l'écorce, nous pouvons tripler ce nombre..   3

Totaux de la production de sarrasin suffisante pour nourrir...................... 2,869,320 hom.

Nous aurons le même résultat pour une nourriture saine, agréable, nourrissante et pouvant satisfaire aux besoins de l'homme; au lieu qu'aujourd'hui, il se nourrit d'une substance amère et malsaine, que la misère seule ou la nécessité peuvent permettre d'avaler.

Mais on m'objectera que le commerce nous enlèvera une partie de cette production et qu'elle deviendra insuffisante ? Pour répondre à cette juste observation, jetons un coup-d'œil sur l'augmentation de la récolte de toutes les céréales en France depuis 1815 jusqu'en 1835.

| ANNÉES. | NOMBRE D'HECTOLITRES | | | | | |
| | RÉCOLTÉS SUR LA TOTALITÉ DES TERRES ENSEMENCÉES EN | | | | | |
	FROMENT.	MÉTEIL.	SEIGLE.	ORGE.	MILLET ET MAÏS.	SARRASIN.
1815	39,460,791	8,732,132	19,678,595	12,999,751	5,630,960	5,314,542
1816	43,316,694	9,303,887	20,943,556	13,810,347	4,153,310	3,638,934
1817	47,984,044	9,731,194	22,422,370	16,508,993	5,850,538	6,499,778
1818	52,697,927	10,438,583	24,734,120	13,186,458	6,101,552	3,363,098
1819	59,841,150	12,405,588	30,904,225	16,634,424	9,123,313	6,616,330
1820	44,317,720	9,228,580	25,400,471	19,379,157	5,786,988	7,745,108
1821	58,219,268	11,394,360	30,284,961	17,710,319	5,047,168	7,987,309
1822	50,855,707	10,168,887	27,059,535	14,085,328	6,044,119	8,371,676
1823	58,676,862	11,075,194	29,913,344	17,509,312	6,657,510	6,544,211
1824	61,788,972	11,271,909	29,923,148	17,010,859	5,906,815	7,361,851
1825	61,035,177	11,354,398	26,722,151	14,485,070	6,519,946	6,126,734
1826	59,631,917	11,111,492	29,831,465	15,293,582	7,140,888	7,408,492
1827	56,785,944	11,226,696	27,565,282	15,721,223	5,047,391	6,979,888
1828	58,823,512	10,936,592	29,935,521	16,126,902	6,278,525	9,839,216
1829	64,285,521	11,680,386	32,652,168	15,695,755	6,590,604	7,949,859
1830	52,782,008	9,917,244	26,876,157	19,901,716	7,330,701	7,468,080
1831	56,429,694	10,821,675	27,516,613	18,119,023	7,490,343	10,205,348
1832	80,089,016	13,697,190	37,996,755	18,517,252	4,036,637	6,154,293
1833	66,073,144	11,435,423	54,291,532	15,907,119	7,239,083	5,922,084
1834	61,981,226	11,239,972	29,418,982	17,474,857	8,412,945	10,166,666
1835	71,697,484	12,281,020	32,996,950	18,184,316	6,951,179	5,175,933

L'agriculture a fait de rapides progrès depuis 1815 ; la récolte de toutes les céréales a augmenté, le sarrasin excepté; il est stagnant, comparé à l'accroissement de la population, et si dans quelques années il y avait de l'augmentation c'était par suite des désastres qui avaient détruit les autres récoltes, parce qu'alors on les remplaçait par le sarrasin, comme cela s'est fait cette année (1839).

Si nous recherchons la cause de ce fait, nous verrons que ce n'est pas manque de terre, puisque toutes les terres sablonneuses propres à produire le sarrasin sont restées incultes, comme elles l'étaient en 1815. Quelle en est donc la cause ? La valeur modique de ce grain. Le travail est à peine compensé par la récolte ; l'extrême besoin seul peut forcer à le semer.

Mais s'il trouvait du débouché, sa valeur augmenterait et paierait le travail du cultivateur, lui procurerait des bénéfices et engagerait à le cultiver. Alors on s'en occupera en grand, la charrue labourera des terres abandonnées, et la France trouvera de nouvelles ressources; les cultivateurs, du bien-être ; le commerce et l'industrie, de nouveaux avantages.

Ici finit ma tâche, tâche qui, sans doute,

laisse beaucoup à désirer, mais j'ai fait de mon mieux.

J'ai donné d'excellens avis aux cultivateurs, c'est à eux à les mettre à profit.

Quant à moi, je serai heureux de voir mes vœux comblés, et d'avoir été utile aux enfans de ma patrie adoptive, la France hospitalière. Si mes désirs sont couronnés de succès, le sarrasin deviendra aussi commun que la pomme-de-terre. Combien de difficultés ne rencontra pas Parmentier lorsqu'il voulut doter la France de cette précieuse et bienfaisante plante, qui, aujourd'hui, nourrit des millions d'habitans ?

Pour faciliter la connaissance des produits dont j'ai entretenu le lecteur, j'en déposerai des échantillons dans tous les chefs-lieux d'arrondissement, aux bureaux de MM. les sous-préfets, dans les contrées où on le récolte en abondance.

Je serai toujours prêt à donner des explications à ceux qui désireront profiter de mon expérience; je leur montrerai la manière de manipuler le sarrasin et leur fournirai au plus bas prix les petits moulins nécessaires à cet usage. Je leur indiquerai les moyens d'utiliser les grands moulins et de les mettre en état d'être employés à la fabrication de la semoule, du gruau et de la farine de sarrasin.

En terminant ce mémoire, je ne puis passer sous silence le nom des personnes qui m'ont aidé et facilité dans mes entreprises et mes essais. Ces personnes, auxquelles je voue une éternelle reconnaissance, sont MM. Bignon, député de la Loire-Inférieure, et Normant aîné, fabricant de draps à Romorantin (Loir-et-Cher).

Nota. Les personnes qui désireront m'entretenir au sujet des produits du sarrasin auront la bonté d'affranchir leurs lettres ; mon domicile est à Blois, rue des Violettes, 23, où l'on peut se procurer de la semoule à 1 franc le kilo ;

Du gruau à 60 c. le kilo.

De la farine à 40 c. id.

Les commandes ne peuvent être au-dessous de 25 kilogrammes. On paiera en recevant la commande.

FIN.

P. S. J'ai déposé les échantillons des produits indiqués au secrétariat de la questure, afin que MM. les Députés puissent en prendre connaissance.

Moulin ordinaire
Planche 1ère
Pages 66 et 67
Meule supérieure
Meule inférieure
Plateau de bois dans lequel se trouve encastrée la moitié de
la meule inférieure.
10   20   30   40   50 Centimètres.

Moulin ordinaire.

Planche 2.me

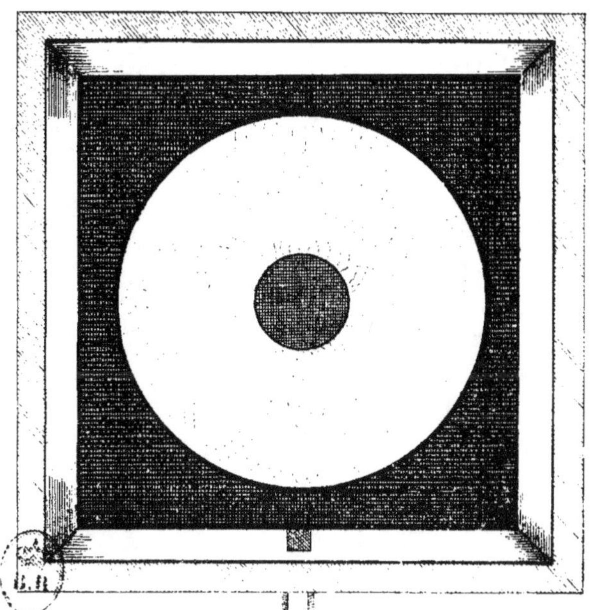

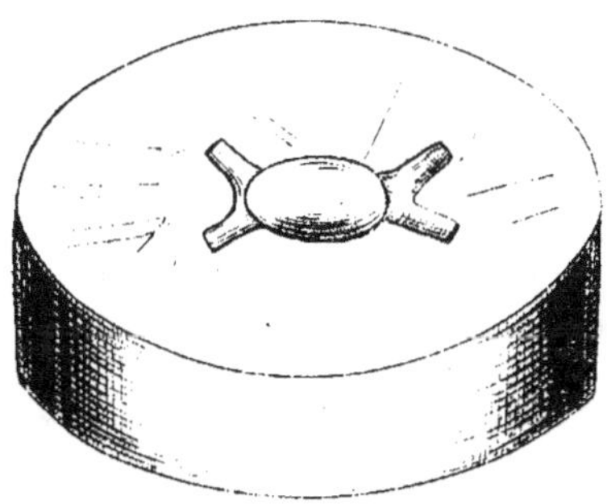

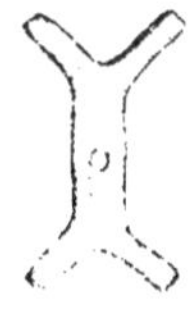

Planche 5.ᵉᵐᵉ

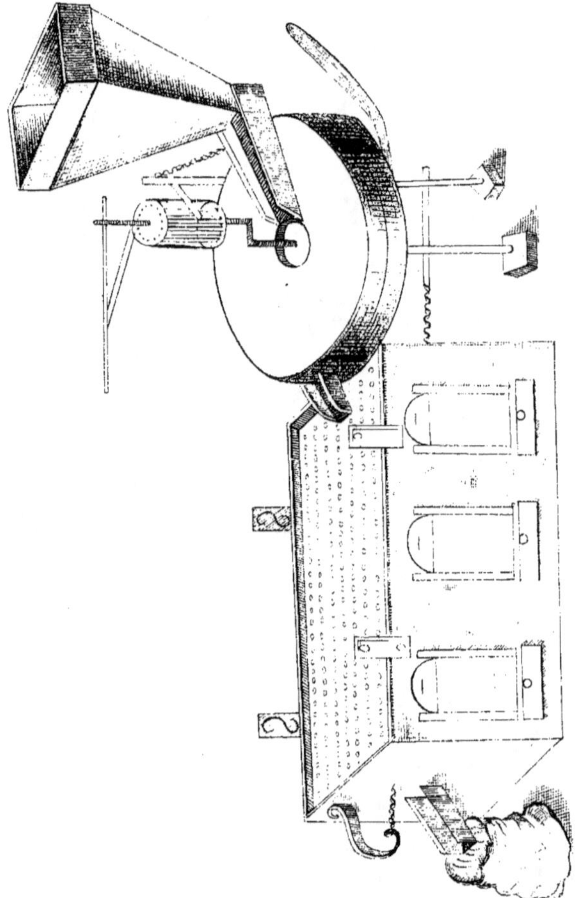

Moulin Hollandais.

Explication
Planche 4ᵐᵉ

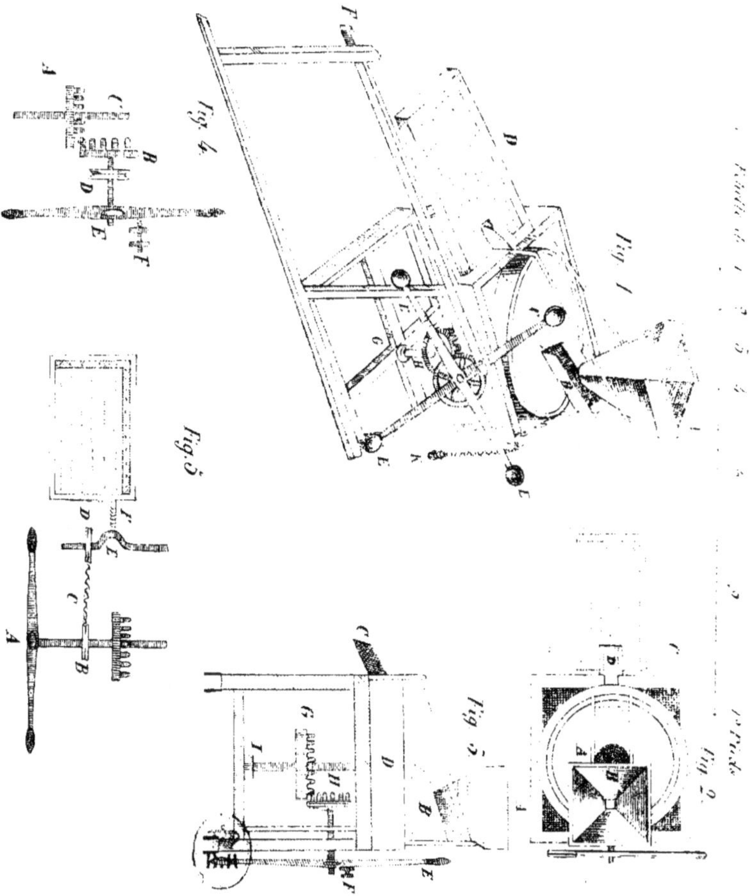